여성 수면 사용 설명서

여성 수면 사용 설명서

잠만 잘 자도 15kg 빠지는 숙면의 비밀

도모노 나오 지음 | **이해란** 옮김

현대지성

들어가며 Prologue

당신은 스스로 만든 '인생의 시간표'로 이루어져 있습니다.

'지금의 내 모습에 만족하지 못한다.'

'결혼도 하고 싶고, 업무 성과도 내고 싶은데 되는 일이 없다.'

'너무 지쳐서 행복을 느끼지 못한다.'

'나는 매력이 없는 것 같다.'

현재 상태를 받아들일 수가 없는 당신. 그런데도 계속 똑같은 시간표대로 살아갈 건가요? 똑같은 행동을 반복하며 다른 결과를 바라는 일은 비현실적입니다. 하루하루를 어떻게 보내느냐는 결국 당신이 어떻게 살아가느냐와 같습니다.

만약 당신에게 이루고 싶은 꿈이나 가까워지고 싶은 이상이 있다면, 지금보다 더 행복한 일상을 보내고 싶다면 '인생의 시간표'를 재검토해 봅시다.

국적과 문화를 비롯한 모든 격차를 뛰어넘어 만국 공통으로 누구에게나 주어지는 것이 바로 시간입니다. '하루

24시간'이라는 제한된 시간 속에서 어떤 시간표를 짜느냐는 당신의 건강, 미용, 능률, 성과, 꿈의 실현에 직접 영향을 미칩니다.

당신 자신의 인생 시간표를 돌이켜 보세요. 무엇에, 얼마큼의 시간을 쓰고 있나요? '무심코' 스마트폰을 만지작거린다거나 '무심코' 텔레비전을 보며 '시간을 흘려 보내'면서도 "시간이 없어."라고 입버릇처럼 되뇌고 있지는 않나요?

하고 싶은 일, 해야 할 일이 태산인데 푹 자다니! '게으르다, 시간이 아깝다, 시간 낭비다.'라고 생각하지는 않나요?

시간표에서 어떤 시간을 줄여야 할 때, 사람들은 대부분 '수면 시간'부터 떠올립니다. 사실은 저도 딱 그랬어요. 서른 살이 코앞이건만 직업도 돈도 애인도 없고, 건강하지도 않았습니다.

출구가 없는 깜깜한 터널 속에서 홀로 만신창이가 될 때까지 걷고, 소리치고, 죽을힘을 다해 발버둥 쳐도 희미한 빛조차 보이지 않더군요. 저는 불안을 넘어선 공포에 매일같이 짓눌려 지냈습니다.

그러던 제가 15kg이 넘는 체중 감량과 체질 개선에 성공했습니다. 나아가 회사를 설립하고, 연봉이 인생 최고로 오르고, 가장 사랑하는 사람과 결혼까지 하게 되었죠. 이 모든 변화의 배경에는 '수면을 바로잡기' 위해 몰두한 나날이 있습니다.

제가 수면 개선에 뛰어들게 된 계기는 아주 사소합니다. 지칠 대로 지친 제 상태를 걱정한 어머니가 "다 잊고 늘어지게 자 보는 건 어떠니?"라고 말씀해 주신 일이거든요.

당시에는 수면을 바꾼다고 해서 무언가가 바뀔 줄은 꿈에도 몰랐습니다. 기대는커녕 상상조차 하지 않았지요. 그런데 수면을 개선하고부터 인생에 드라마틱한 변화가 꼬리를 물고 찾아왔어요. '도대체 그 이유가 무엇인지' 저의 경험과 수면의 효과를 과학적으로 이해하고 또 증명하고 싶어서 잠의 세계로 뛰어든 것이 현재로 이어졌습니다.

"잠을 바꾸면 몸이, 정신이, 생각이, 행동이, 마침내는 인생이 바뀐다."

이것은 어쩌다가 저에게 일어난 요행이 아닙니다. 과학적 근거를 갖고 단언할 수 있어요.

'지금'의 나는 '지금까지' 살아온 날들의 연장선상에 있을 수밖에 없고, '앞으로'의 나 또한 '지금'의 연장선상에 있을 수밖에 없습니다. 10년 뒤의 나는 10년 뒤가 아니라 '지금' 만들어집니다. 지금 씨앗을 심어야 장차 수확할 수 있는 열매가 열립니다.

시간과 인생은 유한합니다. 시간이 없다는 둥 바쁘다

는 둥 하며 '불가능한 이유'를 찾는 일도, 인생이 바뀔 절호의 기회를 놓치는 일도 이제는 그만둡시다.

자, 책장을 펼쳐 보세요. 잠을 바꾸는 과정에서 일어나는 마음, 피부, 몸, 성과의 반가운 변화를 매일매일 기꺼이 즐깁시다. 모든 변화의 끝에는 당신이 꿈꾸는 이상적인 미래가 현실이 되어 당신을 기다리고 있습니다. 당신의 꿈이 이루어지는 그 순간이 저도 무척이나 기대됩니다.

도모노 나오

Contents

제 1 장

잠을 소중히 여기면 일상이 바뀐다

먼저 자신의 수면 상태를 살펴볼까요?

수면은 몸과 마음의 상태 및 뇌의 활동과 밀접한 관계가 있습니다.

'매일 바빠서 잠 따위에는 신경 써 본 적이 없는' 사람도 어쩌면 바로 지금이 한번 돌아볼 타이밍인지도 모릅니다.

몸과 마음의 피로를 풀고, 에너지를 충전해 주는 중요한 습관. 수면은 자기 자신을 돌보는 가장 효율적인 방법입니다.

일단 자신의 현재 수면 상태가 정말 최선인지 살펴봅시다.

POINT

- ☑ 인생이 80년이라면 그중 약 25년은 잠을 잔다.
- ☑ 잠은 '몸과 마음, 뇌'를 쉬게 한다.
- ☑ 자고 또 자도 잠이 부족한 이유는 '깊이' 잠들지 못해서이다.
- ☑ 여성은 특히 잠이 부족하다.
- ☑ 자신에게 알맞은 수면 시간을 안다.

LET'S STUDY
>>>>>
TOPICS 001-009

TOPICS 001

'좋은 수면'이란 뭘까?

"아침에 눈을 뜨면 찌뿌둥할 때가 많다."

"잠을 많이 자는데도 낮에 늘 졸리다."

"잠자리에 누워서도 좀처럼 잠들지 못하거나 밤중에 몇 번씩 눈이 떠진다."

혹시 이 중에 짚이는 바가 있다면 당신은 '좋은 수면'을 취하지 못하고 있는지도 모릅니다.

여성의 신체는 대단히 섬세합니다. 사소한 계기로도 '부정수소•'라고 불리는 컨디션 저하가 발생하거든요.

부정수소의 원인이 수면과 관계된 경우도 적지 않습니다. 수면 부족이 지속될 때 짜증이 늘거나 의욕이 사라지는 경험을 한 사람도 아마 많겠지요.

수면은 몸과 마음을 관리하고, 기운을 보충하는 중요한 습관입니다.

게다가 수면은 몸과 마음에만 영향을 미치지 않습니다. 잠자는 시간은 뇌에도 매우 중요한 '휴식 시간'입니다. 수면 부족은 심신의 건강을 좀먹을 뿐 아니라 뇌에 큰 부담을 주어 결국 심각한 뇌 손상으로도 이어집니다.

지금 당신의 몸이나 마음 어딘가에 '상태가 안 좋다.' 싶은 부분이 있다면 '자신에게 알맞은 수면'을 취하지 못했을 가능성이 높습니다.

지금이야말로 몸과 마음을 보살펴야 할 타이밍입니다. 이 책을 읽어 나가면서 수면을 개선하고, 심신을 가다듬어 봅시다. 당신의 몸과 마음을 누구보다 잘 아는 사람은 당신입니다. 그러니 스스로를 소중히 돌봐 주세요.

그럼 '좋은 수면'이란 구체적으로 무엇일까요?

좋은 수면은 '질×양'이라는 대단히 단순한 구성으로 이루어져 있습니다. 질은 한마디로 '숙면'을, 양은 '수면 시간'을 가리키지요.

우선 중요한 것은 '컨디션 난조에 굴하지 않는 몸과 마음은 좋은 수면으로 만들어진다.'라는 사실을 아는 일입니다. 좋은 수면을 취하면 꿈에 그리던 내일이 반드시 손에 들어옵니다.

MEMO ● 부정수소不定愁訴: 신체 질환이 없어 원인은 특정할 수 없지만 다양한 자각 증상을 호소하는 상태.

TOPICS 002

자고 또 자도 잠이 부족한 이유

"잠을 잤는데 잔 것 같지가 않다."

"잠자는 내내 꿈을 생생하게 꿔서 눈을 뜨면 벌써 아침인가 싶다."

이처럼 '자도 자도 잠이 부족한' 문제의 원인은 깊이 잠들지 못해서인 경우가 많습니다. 다시 말해 푹 잠드는 '숙면'이 이루어지지 않는다는 뜻입니다. 그저 잠들었다 깨기를 반복할 뿐이라 극단적으로 말하면 잠자리에 누운 몇 시간 동안 '기절해 있을 뿐'이죠.

널리 알려졌다시피 수면에는 '렘REM수면'과 '논렘NON-REM수면'이라는 두 가지 종류가 있습니다.

렘수면은 몸이 휴식하는 수면입니다. 렘수면일 때는 뇌와 자율신경의 활동이 활발합니다. 꿈을 꾸거나 가위에 눌리는 현상도 이때 일어나지요.

논렘수면은 뇌가 휴식하는 수면으로 아침까지 렘수면과 번갈아 나타납니다. 논렘수면일 때는 뇌와 자율신경의 활동이 둔해집니다.

뇌를 쉬게 해 주는 논렘수면은 4단계로 나뉩니다. 얕은 잠은 1~2단계에서, 깊게 잠드는 '숙면'은 3~4단계에서 이루어집니다.

논렘수면 중에서 3~4단계는 수면 시간의 전반기에 집중되어 있습니다. 후반기가 되면 조금씩 잠이 얕아지면서 렘수면이 증가합니다.

또한 중·노년기에 접어들수록 3~4단계의 출현이 감소하여 깊게 잠드는 시간은 더욱 줄어듭니다. '가끔 오밤중에 잠이 깬다'거나 '밤늦게 자도 새벽같이 눈이 떠지는' 날이 점점 늘어나는 것도 그 때문입니다.

이런 연령별 특징도 분명 존재하지만 '아무리 자도 피곤한' 사람은 나이에 관계없이 '잠이 1~2단계에만 머무르고, 3~4단계로 진입하지 못하는' 경우가 많습니다.

깊은 수면이 중요한 이유 중 하나로 '성장호르몬'을 빼놓을 수 없습니다. 앞으로 종종 언급될 이 성장호르몬이란 노화되거나 손상된 세포를 복원하고 새롭게 하는 호르몬입니다. 신진대사를 촉진하고, 피로를 풀어 주는 작용을 하지요.

성장호르몬은 수면 전반기의 깊은 논렘수면 상태에서 다량으로 분비됩니다. 막 깊게 잠들었을 때 집중적으로 분비되다가 1~2단계의 얕은 논렘수면과 렘수면으로 갈수록 거의 분비되지 않습니다.

게다가 성장호르몬은 나이가 들수록 분비량이 점점 감소합니다. 신진대사를 촉진하고, 몸과 마음을 충분히 회복하려면 성장호르몬이 한껏 분비될 수 있도록 숙면을 안정적으로 유지하는 것이 중요하지요.

'오래 잤는데도 왠지 아침부터 피곤하다.'

만약 이런 느낌이 들곤 한다면 다음에 소개할 체크 포인트로 수면의 질을 확인해 봅시다.

TOPICS 003

'수면의 질'을 확인하려면?

좋은 수면은 '질×양'으로 구성됩니다. 자신에게 맞는 수면의 양(수면 시간)도 중요하지만 수면의 질(푹 잤다는 느낌)은 더욱 중요하죠.

자신의 숙면 여부를 판단할 수 있는 다섯 가지 포인트가 있습니다. 과연 당신이 푹 잤는지, 수면의 질을 확인하기 위해 다음 항목을 체크해 봅시다.

숙면 여부를 판단하는 5가지 포인트

☑ **기상 포인트** 아침에 개운하게 일어난다. 알람의 스누즈 기능•을 사용하지 않고 일어날 수 있다. → 개운하게 일어난다면 YES

☑ **기상 후 포인트** 아침에 일어나면 배가 고프다. 혹은 아침 식

MEMO • 스누즈snooze 기능: 알람이 울린 뒤 일정 시간이 지나면 다시 울리게 하는 기능. -편집자 주

사를 늘 챙겨 먹는다. → 아침에 식욕이 있다면 YES

☑ **아침 식사 후 포인트** 아침마다 대체로 정해진 시간에 배변을 한다. → 매일 아침 배변한다면 YES

☑ **오전 중 포인트** 오전에 졸리지 않다. 출근하는 전철 안이나 오전 회의에서 졸지 않는다. → 오전 중에 졸리지 않다면 YES

☑ **휴일 포인트** 휴일에 평일보다 2시간 이상 수면해서 '잠을 보충'하지 않는다. → 휴일에도 평일과 비슷한 시간에 일어난다면 YES

이 가운데 하나라도 "NO"가 있다면 평소에 숙면을 취한다고 보기 어렵습니다. 심신에 쌓인 피로는 질 좋은 수면 없이는 해소되지 않아요.

그러니 함께 수면의 질을 향상시킬 방법을 알아봅시다.

TOPICS 004

이상적인 수면 시간은 어느 정도일까?

당신은 매일 얼마나 자고 있나요?

세계적인 조사에 따르면 한국은 26개의 선진국 중 가장 적게 자는 나라입니다.

세미나라든가 강연회 자리에서 "하루에 8시간을 자는 것이 이상적이지요?"라는 질문을 곧잘 받습니다. 그 정보는 이른바 '도시 전설'이나 마찬가지입니다. 8시간이라는 숫자가 모든 사람에게 해당되지는 않거든요. 애당초 이상적인 수면 시간은 과학적으로 근거가 없습니다.

"3시간이면 충분하다."라는 사람이 있는가 하면 "9시간 이상 잠을 못 자면 컨디션이 나쁘다."라고 하는 사람도 있어서 개인차가 상당히 큽니다.

참고로 미국에서 실시된 대규모 조사에서는 6.5시간에서 7.4시간을 잔다고 응답한 사람들이 가장 낮은 사망률을 보였다고 해요. 일반적으로 널리 알려진 '수면 시간의 기준'은 이런 데이터를 기반으로 만들어집니다.

저는 '밤 12시에 취침하여 아침 7시에 기상하는' 7시간 수면이 제일 잘 맞습니다. 이 리듬을 유지하면서 수면의 질을 높였더니 긴 세월 시달려 온 공황장애와 아토피가 개선되고, 몸무게가 15kg 줄고, 월경 주기도 규칙적으로 바뀌는 등 몸과 마음이 다시 태어났습니다.

이 책에서는 적정한 수면 시간을 시작으로 자신에게 알맞은 수면 습관을 파악하기 위한 방법을 소개합니다.

당신도 이 책을 읽어 가면서 '자신에게 딱 맞는 수면법'을 꼭 발견하시기 바랍니다.

TOPICS 005

'쇼트 슬리퍼'가 정말 있을까?

앞에서 자기 몸에 맞는 수면 시간은 사람마다 다르다고 이야기했습니다.

세상에는 3~4시간만 자면 기운차게 활동하는 '쇼트 슬리퍼short sleeper'가 있는가 하면, 9시간 이상 자지 않으면 졸음이 쏟아지는 '롱 슬리퍼long sleeper'도 있습니다. 쇼트 슬리퍼로는 에디슨과 나폴레옹이, 롱 슬리퍼로는 아인슈타인이 각각 유명하지요.

쇼트 슬리퍼에 해당하는 사람은 전체 인구의 단 5%에 불과할 만큼 극소수입니다. 그들을 제외한 대부분의 사람에게는 약 7~8시간의 수면이 필요하고요.

즉, '나는 매일 3~4시간만 자도 괜찮다.'라고 믿는 사람이 진짜 쇼트 슬리퍼일 가능성은 지극히 낮습니다. 정신력으로 어떻게든 버티고 있을 뿐이에요. 실제로는 7~8시간의 수면이 필요한데, 몸과 마음을 외면하며 '오기'를 부리고 있을지도 모릅니다.

필요한 수면 시간을 줄이는 행위는 수명을 깎아먹는 행위나 다름없습니다. 수면 부족은 침묵의 살인자처럼 몸과 마음을 야금야금 좀먹습니다.

매일 바쁘게 지내는 사람은 무심결에 잠을 희생하곤 합니다. 하지만 계속 나아가기 위해서는 심신이 쉴 수 있도록 충분히 자는 일이 최우선입니다.

그렇다고 잠을 오래오래 자면 무조건 건강해진다는 말은 아닙니다. 장시간의 수면을 필요로 하는 롱 슬리퍼가 아닌 사람이 적정 수면 시간보다 길게 자면 도리어 몸에 손상을 준다고 해요.

수면 시간과 심혈관계 질환의 관계를 조사한 연구는 과도한 수면이 많은 질환의 사망 위험을 1.6~1.7배 높인다고 보고했습니다. 심지어 비만과 우울증이 올 확률까지 높인다니, 수면 과잉도 수면 부족만큼이나 건강에는 손해입니다.

하고 싶은 일, 해야 할 일이 넘쳐나는 현대인에게 수면 시간 확보란 퍽 어려운 일이겠지요. 그렇지만 수면을 관리하는 능력은 이상적인 인생을 만드는 데 없어서는 안 될 능력입니다. 부디 그 사실을 잊지 말아 주세요.

TOPICS 006

자신에게 알맞은 수면 시간을 알려면?

자기 몸에 알맞은 수면 시간을 확실하게 아는 일도 중요합니다.

업무 성과를 올리고, 개인적으로 이루고 싶은 일이 생기고, 연애도 잘 풀리는 선순환을 만드는 마법이 '자신에게 알맞은 수면'이기 때문입니다. 실제로 만족스러운 수면을 취하는 사람일수록 피부와 모발의 트러블이 적고, 연수입이 더 높다는 조사 결과도 있습니다.

자신에게 알맞은 수면 시간을 찾는 방법은 아주 쉽습니다. 스케줄러나 수면 일지를 활용하여 '취침 시간'과 '기상 시간'을 적기만 하면 되거든요. 그리고 수면에 관계될 법한 특이 사항도 함께 적어 둡니다. 이를테면 '7월 1일 오후 11시 취침. 8시 기상. 월경 5일째', '7월 3일 오전 1시 취침. 6시 기상. 발표 당일'과 같은 식으로요.

이 기록을 2주간 지속하면 '수면의 현황'이 드러나고, 자신에게 딱 맞는 수면 시간과 수면 리듬이 눈에 보입니다. 만약 수면에 문제가 있다면 기록하는 동안 깨닫게 되어 해결이 가능해지고요.

시간을 기록하면 수면의 질을 점수화할 수도 있습니다.

실제로 잔 시간÷잠자리에 머무른 시간×100

이 공식으로 계산한 값을 '수면 효율'이라고 합니다. 잠자리에 8시간 동안 누워 있었더라도 실제로 잔 시간이 6시간이라면 수면 효율은 '6÷8×100=75'가 됩니다. 75점이지요.

수면 효율의 합격점은 85점 이상으로 75점이라면 아직 개선의 여지가 있습니다.

먼저 잠자리에 머무르는 시간을 줄여 봅시다. 예컨대 오후 11시에 잠자리에 누웠지만 새벽 1시에 잠들어 아침 7시에 일어났다면, 눕는 시간을 자정으로 바꿉니다. 그래도 잠든 시간과 일어난 시간이 달라지지 않아 6시간 수면했다면 수면 효율은 '6÷7×100=86'이 됩니다. 86점은 합격점인 85점을 넘는 점수입니다.

수면 효율이 85점을 넘겼다면 다시 잠자리에 드는 시간을 15분씩 앞당기는 과정을 반복합니다. 그에 비례하여 실제 수면 시간을 조금씩 연장시키면서 자신에게 알맞은 수면 시간을 찾아보도록 합시다.

TOPICS 007

여성은 더 자야 한다!

일, 살림, 육아로 바쁜 여성들 중에는 충분히 자는 것을 부정적으로 느끼는 분이 많습니다.

'해야 할 일과 자기계발을 땡땡이치는 기분'이라거나 'SNS로 처리하는 일이 많아져서 응대하다 보면 잘 시간이 부족'하다는 목소리도 들립니다.

일본 여성의 평균 수면 시간은 세계적으로도 굉장히 짧습니다. 평균 수면 시간이 긴 스웨덴과 비교하면 1시간 반 차이가 나지요. 하루가 24시간인데 1시간 반이라니, 적게 들릴지도 모르겠지만 1주일이면 10시간 반이나 격차가 생깁니다. 덧붙여 여성의 수면 시간이 남성보다도 짧은 나라는 조사 국가 중 일본과 멕시코밖에 없었습니다. 일본 여성은 그 정도로 잠을 이루기 힘든 상황에 처해 있어요.

더구나 여성의 수면은 양뿐 아니라 질도 떨어지기 쉽습니다. 월경• 전에는 좀처럼 잠들지 못하고 월경 기간이 되면 낮에 졸음이 쏟아지는 등 여성호르몬의 영향을 받기 때문입니다.

월경 전에는 프로게스테론progesterone(황체호르몬) 분비가 증가하고, 에스트로겐estrogen(소포호르몬) 분비는 감소합니다. 이로 인한 호르몬 불균형이 수면의 질을 떨어뜨리지요.

프로게스테론에는 체온을 올리는 작용이 있습니다. 나중에 설명하겠지만 사람은 체온이 떨어질 때 잠이 옵니다. 높은 체온이 쭉 유지되면 쉽게 잠들지 못해요.

항스트레스호르몬이라고도 불리는 에스트로겐의 분비 감소도 수면을 방해합니다. 에스트로겐 분비가 감소하면 스트레스에 대한 저항력이 떨어져 감정적인 상태가 되거나 마음이 불안정해지거든요.

괴로운 월경 기간은 '나를 포상하는 기간'으로 삼아 주세요. 업무 스케줄은 되도록 느슨하게 잡고, 자기 자신을 보살피는 일정을 넣읍시다.

MEMO • 월경 기간 중 낮에 졸음이 쏟아진다면 '수면의 질을 높이는' 방법이 제일이다. 월경을 앞두고 쉽게 잠들지 못할 때에는 입욕, 수욕手浴, 족욕, 운동 등으로 체온의 리듬을 조절하는 방법이 효과적이다.

TOPICS 008

잠을 못 자면 '살찌고, 병들고, 실수가 많아진다'

"전보다 쉽게 살이 찐다."

"컨디션이 안 좋을 때가 늘었다."

"집중력이 떨어졌다."

일상에서 흔히 마주하는 이런 문제들이 정말 나이 탓일까요?

사실 '체중 증가'라든가 '컨디션 저하', '실수 증가'는 모두 수면 부족과 관계가 있습니다. 이 말인즉슨 수면을 개선하면 문제를 예방할 수 있다는 말입니다.

제대로 못 자면 살찌는 이유

우리의 '식욕'은 다양한 호르몬의 영향을 받습니다. 잠이 부족할 때, 달콤한 음식이나 정크푸드junk food가 확 당기지 않던가요? 왜 그럴까요? 바쁘고 피곤해서 몸이 에너지를 보충하려는 것일까요? 아닙니다. 잠을 제대로 못 자서 호르몬 균형이 무너지는 바람에 식욕이 증가하고, 당질과 지질에 대한 욕구가 강해지기 때문입니다.

제대로 못 자면 컨디션이 나빠지는 이유

컨디션이 나쁘면 자연스럽게 '눕고 싶다.'라는 생각이 들지 않나요? 몸이 수면을 요구하고 있다는 느낌이 듭니다. 우리 인체에 존재하는 보호시스템(면역력)이 몸을 지키려 움직이기 때문이지요. 인체의 면역력은 잠자는 동안 강해집니다. 그렇다 보니 수면을 등한시하면 면역력이 떨어지고, 몸이 불편을 호소하기 시작합니다.

제대로 못 자면 실수가 많아지는 이유

무심결에 저지르는 업무 실수를 줄이고 싶다면 일단 잘 자야 합니다.

'뇌'는 수면 부족에 빠르게 반응합니다. 잠이 부족하면 집중력, 기억력, 판단력 등이 떨어져 업무 성과가 떨어질 수밖에 없어요. 게다가 낮에 견디기 힘든 졸음이 자꾸 몰려와서 실수나 사고를 저지르기도 쉬워집니다.

바쁘니까 "자지 말고 일하자."라며 무리하기보다는 바쁠 때일수록 "푹 자고 힘내자."라고 생각하세요. 그러는 편이 괜한 실수를 줄이고, 높은 능률을 발휘하는 데 도움이 됩니다.

TOPICS 009

수면은 '시간 낭비'가 아니다

아침 출근 시간에 전철을 타면 앉은 사람들 대부분이 자거나 눈을 감고 있습니다. 서서 가는 사람들의 얼굴에도 전날의 피로가 가득하고요. 막 하루가 시작됐건만 이미 피곤에 절어 힘들어 보이는 사람도 수두룩합니다.

아마 많이들 들어 보셨을 텐데, "인생의 3분의 1은 이불 속에서 보낸다."라는 말이 있습니다. 하루 24시간 중 8시간을 수면에 할애한다면 인생의 약 3분의 1은 자면서 보낸다는 말입니다.

80살까지 산다고 가정하고 햇수를 구체적으로 따져 볼까요? 평균적인 시간 사용법에 맞춰 계산하면 밥 먹는 데 6년, 일하는 데 13년, 씻고 배변하는 데는 4년이 소비된다고 합니다. 가장 중요한 수면에는 무려 25년이 소비되고요. 물론 개인차는 있겠지만 우리는 인생에서 약 25년 남짓한 시간을 이불 속에서 보내는 셈입니다.

'25년씩이나 잠을 잔다니, 시간이 아깝다!'라는 생각이

드시나요?

저도 옛날에는 그랬습니다. '자는 시간까지 아끼는' 태도를 바람직하게 여겼어요. 자는 시간만큼 쓸데없는 시간은 없다고 생각해서 항상 수면 시간을 줄이려 노력했습니다.

그러나 사람이 잠을 자지 않고 살기란 불가능합니다.

내일의 나는, 오늘 밤의 수면이 만듭니다.

잠을 제대로 못 자서 몸과 마음의 상태가 나빠지는 사례가 참 많습니다. 모쪼록 '알맞은 수면'을 취할 수 있는 지식을 습득하고, 심화하여 자신의 몸과 마음을 보호해 주세요.

"시간이 아까우니까 잠을 줄이자!"에서 "자는 동안 건강과 아름다움을 기르자!"로 생각을 전환합시다. 마치 마법에 걸린 것처럼 꿈이 실현될 테니까요.

제 2 장

몸을 지키는 수면법

건강한 몸은 잠으로 만든다

온 힘을 다해 매일을 바쁘게 살아가려면 무엇보다 몸이
건강해야 합니다.
수면은 몸을 건강하게 유지하는 중요한 습관입니다.
이런저런 건강법을 시도해 봐도 효과가 불만족스럽고,
만성적으로 컨디션이 나쁘다면……
먼저 곤히 숙면하는 일부터 시작해 보면 어떨까요?

POINT

☑ 수면 부족은 만병의 근원이다.

☑ 제대로 자야 면역력이 높아진다.

☑ 밤낮이 뒤바뀐 생활을 되돌린다.

☑ '알맞은 수면'으로 변비를 개선한다.

☑ '피로'와 '나른함'을 무시하지 않는다.

LET'S STUDY >>>>> TOPICS 010-013

TOPICS 010

면역력을 높이는 수면의 힘!

흔히 '감기는 만병의 근원'이라고 하는데, 수면 부족도 만병의 근원입니다.

잠을 계속 소홀히 하면 질병에 걸리기 쉬운 몸이 됩니다. 지속적인 수면 부족은 구체적으로 고혈압, 당뇨병, 심장병, 뇌졸중 같은 생활습관병이나 우울증의 발병 위험을 높입니다.

질병을 예방하기 위해서는 건강의 기반인 '면역력을 반드시 강화'해야 합니다.

평상시에도 저는 "수면의 힘이 뭔가요?"라는 질문을 받으면 주저 없이 "면역력입니다!"라고 대답합니다. 우리의 수면은 그만큼이나 면역력과 깊은 관계가 있습니다.

"잠이 부족하면 감기에 걸리기 쉬워진다."라는 미국의 실험 결과도 유명합니다. 21~55세의 남녀 153명을 대상으로 수면 시간과 면역계의 관계를 조사한 연구입니다. 감기 바이러스를 피험자의 코에 투여한 뒤 경과를 지켜본 결과, 평소 수면 시간이 짧은 사람이 더 쉽게 감기에 걸렸습니다.

평균 수면 시간이 7시간 미만인 사람은 8시간 이상인 사람보다 감기 발생률이 3배 가까이 높았고, '잠자리에 누웠지만 잠들지 못한 사람'과 '잠자리에 누우면 쭉 자는 사람'을 비교해도 전자의 감기 발생률이 후자보다 5배 가까이 높았습니다.

수면과 면역은 상호적으로 작용하기 때문에 수면이 부족하면 면역력이 떨어집니다. 바꿔 말하면 수면 부족은 '육체가 이물질과 싸우는 능력을 떨어뜨리는' 일로 이어집니다.

현대는 온갖 건강법에 대한 정보가 넘쳐나는 시대입니다. 이럴 때일수록 더더욱 기본으로 돌아가 푹 주무시기를 권장합니다.

효과가 뛰어나면서 간편하기까지 한 '수면 건강법'을 지속하지 않을 이유가 있을까요?

TOPICS 011

밤낮을 되돌려서 건강한 일주기 리듬을 만든다

몸과 마음의 컨디션을 끌어올리고자 한다면 '밤낮을 구분하는' 생활 습관이 중요합니다.

현대는 24시간 사회로 생활은 여러모로 편리해졌지만 밤낮을 구분하기가 어려워졌습니다. 밤낮의 구분이 없으면 '밤이 되어도 푹 잠들지 못하는' 문제가 생깁니다.

신체 구조상 인간은 기본적으로 밤에 잠들어서 아침에 깨어나도록 되어 있습니다. 낮에 쌓인 피로를 회복하기 위한 것뿐만 아니라 생체 리듬을 관리하는 '체내 시계'가 작동하기 위해서도 밤에는 잠을 자야 합니다.

우리 몸에는 체내의 리듬을 주관하는 체내 시계가 있어서 밤이 되면 저절로 졸음이 쏟아집니다. 졸음에 관여하는 체온 조절라든가 호르몬의 내분비 리듬도 체내 시계가 담당합니다.

하루는 24시간이지만 체내 시계는 24시간 10분을 주기로 돌아가며, 이와 같이 '약 하루를 주기로 되풀이되는 생

체 리듬'을 '일주기 리듬circadian rhythm'이라고 부릅니다.

10분의 오차를 바로잡는 역할은 아침 햇빛이 맡고 있습니다. 이 때문에 체내 시계는 뇌 안에 있는 시상하부 근처 '시교차상핵•'이라는 부분에 존재합니다. 눈으로 들어온 햇빛이 '망막-시상하부 경로'를 통해 시교차상핵에 전달되어야 비로소 지구 시간에 맞춰 체내 시계가 초기화됩니다.

체내 시계가 초기화되지 않으면 몸 내부의 리듬이 점점 흐트러져서 평소처럼 생활하는데도 몸은 늘 시차 장애를 겪는 상태에 빠집니다.

아침에 일어나면 먼저 햇볕을 충분히 쬐어 주세요. 햇빛으로 체내 시계를 초기화하여 '아침이 왔음'을 몸에 알리고, 활동 모드의 스위치를 올려야 합니다.

매일 기상 시간이 최대 1시간 이상 벌어지지 않도록 해 주세요. 아침에는 햇볕을 듬뿍 쬐고, 낮에는 밝은 환경

MEMO • 시교차상핵視交叉上核: 좌우 눈의 신경이 교차하는 곳 조금 위에 있는 신경핵. -편집자 주.

에서 활동하고, 저녁에는 어두운 환경에서 잘 준비를 해야 합니다. 밤에는 푹 자서 몸과 마음과 뇌를 회복시켜야 하고요. 이렇게 '밤낮을 구분하는' 생활로 자율신경의 균형이 잘 깨지지 않는 건강한 일주기 리듬을 만듭시다.

TOPICS 012

잠이 부족하면 변비가 생기기 쉽다

"아랫배가 볼록해서 스타일이 나빠 보여요."

"변비 때문에 피부가 거칠어요."

여성에게 변비란 골칫덩어리와도 같은 존재입니다. 변비 문제로 고민하는 여성이 적지 않고, 이미 만성화된 경우도 많아요. 체질이라 별수 없다거나 이제 와서 개선될 리가 없다며 포기하는 사람도 곧잘 보입니다.

만성 변비 때문에 '갖은 방법을 시도해 봤지만 도통 나아지지 않는다면' 이번에는 수면의 질을 높이는 방식으로 접근해 보면 어떨까요? 저와 실제로 상담한 분들 중에도 잠을 푹 자고부터 오랫동안 앓아 온 변비가 개선된 사례가 있습니다.

잘 자면 왜 변비가 개선될까요?

이는 자율신경•과 깊은 관련이 있습니다.

MEMO • 자율신경: 호흡, 순환, 대사, 체온, 소화, 분비, 생식 등 생명활동의 기본이 되는 기능을 무의식적으로 조절하는 신경. 교감신경과 부교감신경으로 이루어져 있다. -편집자 주.

우리가 낮에 일어나서 활동할 때는 교감신경이 활성화됩니다. 밤에 자려고 쉴 때라든가 잠자는 동안에는 부교감신경이 우위를 차지하고요.

인간의 변은 장의 꿈틀운동(연동운동)에 의해 아래쪽으로 내려가는데, 장의 꿈틀운동은 부교감신경이 우위일 때 활발해집니다. 따라서 수면 부족이 계속되면 장 활동이 저조해지므로 아침이 와도 나와야 할 것이 나오지 않는 상황이 발생합니다.

변비가 오래되면 노폐물이 잔뜩 쌓여서 음식물 쓰레기를 방치한 부엌 꼴이 납니다. 하물며 배 속의 온도는 37℃로 한여름이나 다름없는지라 사태는 더욱 심각합니다. 엄청난 유해 물질이 생기고, 유해 물질을 먹이로 삼는 유해균이 번식하면서 장 환경이 갈수록 악화되거든요. 온몸을 순환하는 혈액의 흐름이 정체되어 피부가 거칠어지거나 안색이 칙칙해지는 문제도 나타납니다.

변비를 해결하려고 식이섬유 섭취며 보조제 복용이며 배 마사지까지 좋은 습관은 다 실천하는데도 변비가 여전하다면, 혹시 수면 개선을 빠뜨린 것은 아닐까요?

TOPICS 013

'피로'와 '나른함'은 몸이 보내는 SOS

최근 들어 전보다 '피로'를 느끼는 속도가 빨라지지 않았나요? 예전에는 전날 좀 무리해도 다음날 밤늦게까지 끄떡없었는데, 요즘은 왠지 '쉽게 지치고 나른해진다면' 결코 가벼이 여겨서는 안 됩니다.

우리가 '피로'를 느끼는 상황은 크게 둘로 나뉩니다.

하나는 격렬한 운동을 한 뒤처럼 육체적으로 부담을 느낄 때이고, 다른 하나는 스트레스나 압박감 등으로 정신적인 손해를 입었을 때입니다. 이럴 때 우리는 육체적으로든 정신적으로든 '아, 피곤하다.'라고 느낍니다.

특히 스트레스가 넘쳐나는 현대 디지털 사회에서는 '정신적 피로' 탓에 마음의 병을 앓는 사람이 급증했습니다.

피곤하다는 느낌이 만성화되면 머지않아 심신의 컨디션이 나빠지고 질병으로 이어질 위험이 있습니다. 그냥 버티다가 문득 정신을 차렸더니 마음과 몸이 뚝 부러져 있는 사태가 벌어질지 모릅니다.

정신적인 손상도 수면과 무관하지 않습니다. 수면 부족과 우울증 증상이 연관을 갖는다는 사실도 이미 보고되었지요.

'스트레스 때문에 잠을 못 이루는' 것 또한 본인의 기분 탓이 아닙니다. 스트레스와 수면은 실제로 깊은 연관이 있습니다. 푹 자기 위해서라도 가급적 스트레스를 줄이고, 스트레스에 잘 대처하며 생활하는 일이 중요합니다.

'피로'와 '나른함'은 심신의 컨디션이 나빠졌다는 신호입니다. 몸과 마음이 "이제 곧 한계야. 이쯤에서 한번 푹 쉬자!"라고 미리 경고음을 울리는 셈이죠.

위험 신호를 놓치지 않으려면 매일 5분씩이라도 몸과 마음의 소리에 귀를 기울이는 습관이 필요합니다. 힘든데 억지로 참지 마세요. 무엇보다 잠이 먼저이니 질 좋은 수면으로 몸과 마음에 휴식을 줍시다.

항상 피곤한 상태에서 벗어나자

그러고 보니 언젠가부터 항상 피곤하지는 않나요?

'피로'는 몸과 마음이 보내는 SOS입니다.

당신의 몸 또는 마음이 "얼른 푹 쉬어!"라고 경고하는 것이지요.

오늘 하루는 오늘 밤에 완전히 마무리하세요.

오늘의 피로를 내일까지 가져가서는 안 됩니다.

'충분한' 휴식으로 몸과 마음의 긴장을 풀어 줄 필요가 있어요.

이번에는 그 비결을 소개하겠습니다.

POINT

- ☑ 매일 밤 몸과 마음을 부드럽게 풀어 준다.
- ☑ '3가지 목'만은 언제나 따뜻하게 유지한다.
- ☑ 잠이 안 온다면 '수면오감'을 재정비한다.
- ☑ '마음챙김'으로 자율신경의 균형을 바로잡는다.
- ☑ 잘 뒤척여야 잘 잔다.

LET'S STUDY
>>>>>
TOPICS 014-020

TOPICS 014

'부드럽게 풀어 주면' 숙면이 쉬워진다

몸과 마음의 긴장을 완전히 풀고 싶을 때, 손쉽게 실천할 수 있는 방법이 '목욕'입니다.

목욕하는 시간은 움직이느라 긴장한 머리와 몸을 부드럽게 풀어 주고, 딱딱해진 마음을 달래 주는 소중하고도 평화로운 시간입니다.

낮 동안 교감신경이 우위를 차지하여 켜진 '활동 모드'의 스위치를 꺼야 밤에 숙면할 수 있습니다. 온종일 힘껏 활동하고 긴장이 채 풀리지 않은 심신과 뇌를 이완시킬 필요가 있어요.

부교감신경을 우위로 전환하여 '휴식 모드'의 스위치를 올리는 데는 목욕이 제격입니다. 목욕은 '피부를 청결히 하여 신진대사를 촉진하고', '몸을 덥혀서 혈액 및 림프의 순환을 촉진하고', '심신의 피로와 긴장을 풀어 주는' 세 가지 작용을 합니다.

게다가 목욕으로 체온을 적당히 올려 두면, 뒤에서 설

명한 '체온의 낙차'가 커져서 순조롭게 잠들 수 있습니다.

목욕은 그야말로 단잠과 직결되는 습관입니다.

단, 목욕하는 방식에는 세 가지 규칙이 있습니다. 물이 알맞게 따뜻해야 하고(38~40℃), 시간은 20분 정도가 적당하며, 전신욕•이 가장 좋습니다.

느긋하게 욕조에 몸을 담갔다가 취침 1시간 전까지는 목욕을 끝내세요. 욕실에서 나온 뒤에는 바디크림이나 바디오일로 온몸을 부드럽게 마사지합시다. '오늘도 수고했어. 고마워!' 하는 감사의 마음을 담아서요.

물이 뜨끈뜨끈해야 목욕한 기분이 나는 사람이라면 취침 2시간 전까지는 목욕을 마칩시다. 뜨거운 물로 목욕하면 심박수, 혈압, 땀 배출량이 증가하여 격렬한 운동을 했을 때처럼 교감신경이 우위로 올라섭니다. 목욕하는 시간을 앞당겨야 잠자리에 들기 전까지 몸이 이완되고, 휴식모드로 바뀝니다.

목욕물에 몸을 담그는 것 외에도 방법은 있습니다. 자기 전에 머리와 몸, 마음을 부드럽게 풀어 주면 편안하게 잠들 수 있습니다.

이를테면 항상 독서하는 습관이 있는 사람은 너무 어

려운 책을 읽기보다 개나 고양이, 아름다운 풍경이 담긴 사진집을 훑어보는 편이 좋습니다. 반려동물을 키우는 사람은 반려동물과 함께 놀아 주세요. 마음이 평온해질 것입니다. 파트너가 있는 사람은 서로의 몸을 마사지하거나 어루만져 주어도 좋겠지요. 날씨가 좋은 날에는 밤하늘의 별을 바라보는 '별하늘테라피'도 기분을 달래 줍니다.

따뜻한 음료를 마시는 것도 마음을 누그러뜨리는 효과가 있습니다. 다만 카페인 섭취에는 주의가 필요해요. 커피, 홍차, 녹차에 함유된 카페인은 몸에 들어간 지 30분쯤 지나면 각성효과를 발휘합니다. 개인차는 있지만 보통 4~5시간 넘게 그 효과가 지속되고요.

저녁 이후에 마실 음료는 카페인이 없는 음료가 낫습니다. 허브차, 보리차, 호지차, 민들레차 등 요즘은 카페인이 없는 음료도 종류가 참 다양하니까요. '마시면 잠이 솔솔 오는' 당신만의 음료를 준비해 두는 것도 추천하는 숙면 습관입니다. 참고로 저의 숙면 음료는 '루이보스티'와 '레몬을 띄운 백비탕••'이랍니다.

MEMO • 반신욕보다는 전신욕을 해야 온몸이 따뜻해지고 혈류도 개선된다(심장에 부담이 가는 행위를 주의해야 할 경우는 제외).

•• 백비탕: 아무것도 넣지 않고 팔팔 끓인 맹물. -편집자 주

참고 **73쪽** 잠과 체온의 관계

TOPICS 015

시간이 없을 때는 '3목'을 따뜻하게 한다

'매일 바빠서 느긋하게 목욕할 시간이 없는' 사람도 있습니다.

마음 같아서는 바쁠수록 잘 쉬고 싶지만 현실은 그리 녹록지가 않잖아요. 그래서 여유롭게 목욕할 시간이 없더라도 실천할 수 있는 숙면 습관을 소개합니다. 욕실에서도 가능하니 언제든지 시도해 보세요.

핵심은 '3목 따뜻하게 하기'입니다. 3목이란 '목, 손목, 발목'을 가리킵니다.

추운 겨울날 목도리나 긴 숄, 터틀넥 스웨터로 목을 따뜻하게 감싸면 체감온도가 껑충 뛰지요. 온천물에 몸을 담그면 금세 후끈해져서 자기도 모르게 "아~" 소리가 나오는 것처럼 말입니다. 이와 마찬가지로 발목과 손목을 따뜻하게 하면 체감온도가 껑충 올라갑니다.

3목은 자율신경과도 깊은 연관이 있습니다. 3목이 차가워지면 자율신경의 균형이 깨져 스트레스를 유발하는 원인이 되기도 할 만큼이요.

만약 목욕할 여유가 없다면 잠시나마 욕조에 몸을 담가 3목을 덥혀 주세요. 몸을 담글 겨를조차 없다면 다음의 요령대로 자기 전에 3목을 따뜻하게 해 줍시다. 기분 좋은 숙면에 도움이 될 거예요.

목

넥워머neck warmer라든가 목도리처럼 목을 감싸는 아이템을 활용하세요. 열대야가 아니라면 목을 따뜻하게 하는 일은 수면에 대단히 중요합니다. 목은 머리와 몸을 잇는 두꺼운 목동맥(경동맥)이 지나는 부위라서 목이 차가워지면 온몸의 혈액순환이 악화됩니다.

손목

중요하지만 놓치기 쉬운 부위가 손목입니다. 손목도 계절에 상관없이 차갑지 않아야 해요. 저는 여름철에도 손목과 발목이 차가워지지 않도록 파자마는 무조건 '긴팔과 긴바지'를 입습니다. 냉방병의 위험으로부터 몸을 지킬 수도 있고요.

발목

발목을 따뜻하게 유지하는 일은 상당히 중요합니다. 발목은 근육량이 적어서 한번 차가워지면 자체적으로 열을 내기가 어렵고, 좀처럼 따뜻해지지 않기 때문입니다. 욕실에서 나오자마자 레그워머leg warmer를 착용하는 편이 좋습니다. 저는 어디에서나 발목을 확실하게 보호하기 위해 외출할 때도 레그워머를 챙겨 다닙니다.

이밖에도 전기담요, 보온 물주머니 등 몸을 덥히는 용품은 많습니다. 하지만 발목을 따뜻하게 유지하는 데는 '수면양말 신고 취침하기'가 가장 좋습니다.

감촉이 좋은 천으로 제작된 수면 양말은 한 켤레쯤 가지고 있어야 할 숙면용품 중 하나입니다. 자다가 더워지면 잠결에도 훌러덩 벗을 수 있도록 헐렁한 제품을 고르세요.

덧붙이자면 여름철에도 발목은 의외로 차갑습니다. 냉방의 영향도 있거니와 샌들, 뮬, 맨발 차림이 발목을 차갑게 만들기 때문이지요. 뒷부분에서 자세히 이야기하겠지만 '냉증'은 계절을 가리지 않습니다. 냉증으로 고민하는 여성은 겨울보다 여름에, 발목 보온을 비롯한 냉증 대책을 마련하는 편이 좋습니다.

특히 간절기에는 기후가 불안정하거나 일교차가 극심

합니다. 발목도 발목이지만 늘 걸칠 거리를 챙기세요. 냉증은 계절을 불문하고 신경 써야 한답니다.

'3목 따뜻하게 하기'는 여름에나 겨울에나 간단히 실천할 수 있는 숙면 습관이니 꼭 시도해 보세요.

참고 **72쪽** 냉증과 수면

TOPICS 016

'수면오감'으로 오늘을 깔끔하게 마무리한다

'잠자리에 들어도 도무지 잠이 오지 않는' 밤이 있습니다. 기본적으로 수면에는 우리의 '감각'이 깊이 관여하며, 수면에 관여하는 5가지 감각을 통틀어 '수면오감'이라고 부릅니다. 수면오감이란 시각, 청각, 온도감각, 촉각, 후각을 가리킵니다. 감각 하나하나를 이용하여 '아침까지 숙면하는' 시나리오를 완성해 봅시다.

각각의 포인트는 다음과 같습니다.

1. 시각

빛 환경은 수면의 질을 좌우하는 가장 중요한 요건입니다.

스마트폰 화면에서 발산되는 블루라이트는 수면호르몬의 분비를 억제하여 순조로운 수면을 방해합니다. 취침 1시간 전부터 조명을 어둡고 따뜻한 계열의 색으로 전환하고, 디지털 기기는 손에서 내려놓는 것이 수면의 질을 높이는 지름길입니다.

반대로 아침에는 밝은 햇볕을 쬐세요. 그래야 체내 시계가 지구의 시간에 맞춰 생체 리듬을 바로잡습니다.

2. 청각

클래식이나 치유 음악 또는 자연음(새가 지저귀는 소리, 강물이 흐르는 소리 등)을 들으면 마음이 더 편안해집니다. 단, 잠들기 직전에는 소리를 꺼야 합니다. 조용한 쪽이 오히려 불안하다면 1시간 뒤에 자동으로 꺼지게끔 타이머를 설정합시다.

시곗바늘 돌아가는 소리가 신경 쓰이는 사람은 시계를 디지털시계로 바꿔 보세요.

3. 온도감각

온도감각이란 어느 계절에나 쾌적하게 잠들 수 있는 온습도 관리와 관계된 감각입니다. 최근에는 '수면모드'나 '가습기능'이 탑재된 에어컨처럼 안락한 수면 환경을 만들어 주는 제품도 많이 판매되고 있습니다.

4. 촉각

'잠들 때 얼마나 이완할 수 있는가'는 수면에 큰 영향을 미칩니다. 그러므로 수면 시 몸에 닿는 이부자리와 베개,

파자마의 감촉을 살피는 일도 아주 중요해요. 편안하게 느껴지는 소재는 계절에 따라서도 달라집니다.

특히 파자마는 온몸에 직접 닿기 때문에 저는 실크, 마, 면, 거즈 등 다양한 소재의 파자마를 장만해 두었습니다. 계절과 기분에 맞춰 파자마를 골라 입으며 수면 패션을 즐기고 있지요.

5. 후각

후각은 생명유지와 직결되는 매우 중요한 감각입니다. 향기의 효과가 과학적으로 밝혀진 지금, 향기는 수면 환경 조성의 필수 요소라고 해도 과언이 아닙니다. 누구나 무난하게 실천 가능한 아로마테라피에 대해서는 제5장에서 상세히 설명하겠습니다.

참고 **64쪽** 침구와 파자마 고르는 법
68쪽 침실의 온도와 습도
216쪽 아로마테라피

수면 스위치 온

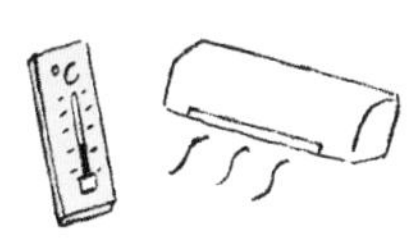

1
어둠

2
고요

3
온도

4
감촉

5
향기

TOPICS 017

자율신경을 바로잡아 '제대로' 이완한다

푹 자고 상쾌하게 일어나 화장실에 가면 용변이 시원하게 나오는, 그런 행복한 생활의 조건 중 하나로 '자율신경의 균형'이 있습니다. 자율신경의 균형을 바로잡으려면 무엇이 가장 중요할까요?

'이완relax'입니다.

밤이 되어도 낮의 긴장 모드에서 잘 헤어나지 못하는 사람이 무척 많습니다. 그런 분에게는 마음챙김mindfulness을 추천하고 싶어요.

불안, 짜증, 슬픔, 질투와 같은 부정적 감정은 누구에게나 있는 법입니다. '이렇게 부정적으로 생각하면 안 돼!'라고 감정을 억누르거나 부정하기보다는 슬쩍 피하거나 자연스럽게 잊어버리는 편이 낫습니다. 바로 그것이 마음챙김의 효과이기도 하지요.

포인트는 부정적 감정이 솟아나도 마음에 담지 않고 흘려보내는 것입니다.

예를 들어 무심코 이런 걱정이 들 때가 있습니다.

'아까 괜히 그렇게 말해서 미운털이 박히지 않았을까?'

'다음 주 발표는 망하면 안 되는데, 괜찮을지 모르겠네.'

'어제 실수해서 인상이 나빠졌을 거야.'

사실 여기에 담긴 부정적 감정은 과거 혹은 미래의 몫일 뿐 '지금 눈앞에서 일어나는 일'과는 무관합니다. 오래 붙잡고 있을수록 더 우울해질 뿐이에요. 부정적 감정에서 벗어나려면 감정을 붙잡아 두기보다는 구름이 하늘에 떠가듯 둥실둥실 흘려보내야 합니다.

오직 '지금 이 순간'에만 마음을 집중하세요. 딴생각을 할 여지가 자연히 사라집니다.

마음챙김을 실시하는 방법은 단순합니다. 의자에 앉아 어깨부터 등까지 상반신의 힘을 쭉 빼고, 몸이 이완되면 천천히 숨을 들이쉬었다가 다시 내뱉는 데 집중합니다. 후우, 하아. 후우, 하아. 호흡에만 의식을 기울일 수 있게 되면 '지금 이 순간'에 집중했다는 증거입니다.

매일 10분씩 마음챙김을 꾸준히 실시하면 자율신경의 균형이 바로잡힌다고 해요. 몸과 마음을 튼튼하게 유지하고, 이완된 상태에서 편히 잠들 수 있는 기술로 마음챙김을 추천합니다.

TOPICS 018

잘 자는 사람은 '뒤척이는 능력'이 뛰어나다

잘 자는 사람은 '뒤척이는 능력'이 뛰어난 사람입니다.

뒤척이는 능력이란 자는 동안 이리저리 자세를 바꾸는 능력을 말합니다.

개인차는 있지만 인간은 어떤 자세로 잠들건 하룻밤에 20~30회가량 몸을 뒤척입니다. 자면서 뒤척이는 행동은 '잠이 얕거나 무의식중에 체력을 소비'한다는 안 좋은 이미지가 있는데, 실상은 정반대입니다. 잘 뒤척여야 자는 동안에도 몸을 건강하게 유지하며 질 좋은 수면을 취할 수 있습니다.

몇 시간씩이나 뒤척이지 않고 똑같은 자세로 자면 몸은 다양한 손상을 입습니다. 순환해야 할 혈액과 체액이 정체되고, 몸무게가 실리는 부위의 근육이 아프거나 골격이 뒤틀리기도 하지요. 그렇지만 정기적으로 뒤척이면 적당히 자세를 바꾸게 되어 이 같은 손상이 방지됩니다. 무의식중에도 뒤척이면서 온도를 조절하고, 잠자리의 환경을 알맞게 정돈하는 것입니다. 뒤척이는 행동은 렘수면과 논렘수면을 전환하는 스위치 역할도 합니다.

단, 더위로 잠을 설치다가 막 잠들어서 깊은 수면으로 넘어갈 때 크게 뒤척이면 도리어 숙면을 방해하게 됩니다. 여름철 이부자리는 등 부분이 습해지지 않는 소재를 선택하는 식의 대책이 필요해요.

문제는 자면서 잘 뒤척이는지 아닌지 직접 확인하기가 어렵다는 점입니다. 만약 '항상 잠이 얕은데 원인을 모르겠다'든가 '일어날 때 몸이 아픈' 증상이 있다면 뒤척이지 않는 게 아닌지 의심해 봅시다.

잘 자려면 기본적으로 '잘 뒤척여야' 합니다.

뒤척이는 능력을 높이는 요령은 다음 쪽에서 소개할게요.

TOPICS 019

뒤척임을 방해하지 않는 '요·이불·베개·파자마' 고르는 법

그럼 숙면하는 데 중요한 '뒤척이는 능력'은 어떻게 해야 높아질까요?

편히 뒤척일 수 있는 환경을 조성해야 합니다.

한마디로 '요, 이불, 베개, 파자마'를 바꿔야 한다는 뜻입니다. 밤에 몇 번씩이나 깨던 사람이 침구와 파자마만 바꿨는데 아침까지 푹 자게 된 사례도 있습니다.

요와 이불, 베개, 파자마 고르는 요령을 알려드릴 테니, 본인이 사용하는 제품과 비교해 보세요. 어딘가 짚이는 데가 있다면 지금이 바꿀 기회인지도 모릅니다.

요·이불

바닥에 까는 요나 매트리스가 몸에 안 맞으면 뒤척이기가 힘듭니다.

예컨대 너무 푹신하면 등이나 엉덩이가 아래로 쑥 꺼져서 목과 허리에 부담을 줍니다. 푹신푹신한 요에 몸이 파묻히는 탓에 뒤척이고 싶어도 움직임이 제한되고요. 반대로 너무 딱딱하면 몸이 배겨서 잠을 편하게 못 잡니다.

요나 매트리스는 탄력과 지지력이 적당하고, 몸을 뒤척여도 될 만큼 충분히 넓으며, 체중을 분산시키는 제품이 이상적입니다.

이불은 가벼워서 압박감이 없고, 보온 기능과 습도 조절 기능을 갖춘 제품이어야 합니다. 충전재의 소재는 다운(깃털) 50% 이상을 추천해요.

겨울에도 춥다고 해서 이불을 과도하게 겹쳐 덮으면 안 됩니다. 이불의 무게 때문에 뒤척이기가 힘들어요. 등에서 방출되어야 할 열이 방출되지 못해 잠자기도 괴로워집니다.

이불의 드레이프drape성• 또한 중요합니다. 이불이 몸에 착 감기지 않으면 어깨나 발목 부근에 빈 공간이 생겨 뒤척일 때마다 냉기가 흘러들고, 불쾌감을 유발합니다.

베개

자기 몸에 안 맞는 베개를 사용하는 사람이 의외로 많습니다. 알맞지 않은 베개는 뒤척임을 방해할 뿐 아니라 두통, 어깨 결림, 코골이, 부종 등의 원인이 됩니다.

베개는 목뼈••의 C자형 곡선이 유지되는 높이와 형태여야 하고, 크기·단단함·무게가 적당해야 합니다.

매장에 방문하여 베개와 이부자리를 같은 브랜드로 맞추는 방법도 추천해요. 침구의 궁합과 뒤척이기 편한 정도를 직접 확인할 수 있어서 좋답니다. 가능하다면 필로피터•••가 있는 매장에서 상담과 조언을 받아 고르는 편이 좋습니다.

파자마

무엇을 입고 자느냐에 따라서도 수면의 질은 확연히 달라집니다.

파자마 이외의 옷(스웨트셔츠, 티셔츠, 룸웨어 등)을 입고 자면 침구와 옷 사이에 불필요한 마찰이 생겨 뒤척이는 데 방해가 됩니다.

이상적인 파자마 소재는 흡수성과 흡습성이 높고, 감촉이 부드러운 실크 혹은 면 100%가 좋습니다. 실크는 천연섬유 중에서도 인간의 피부 성분에 가장 가까운 소재라 피부에 입는 미용이라고 할 만합니다. 면은 안전하고, 착

MEMO • 드레이프성drape性: 천이 아래로 자연스럽게 흘러내리는 성질. -역주

•• 목뼈(경추): 머리를 지탱하는 목 부분에 있는 뼈.

••• 필로피터pillow fitter: 고객의 체형 및 수면형태를 분석하여 적절한 수면용품을 추천하는 수면 컨설팅 전문가. -역주

용감도 우수한 소재이지요. 내구성이 좋아 세탁이 편리하다는 점도 매력적입니다.

디자인을 고를 때 주의할 점은 반팔, 반바지를 피하는 것입니다. 목 부분이 넓게 파였거나 모자가 달린 디자인도 마찬가지예요. 노출도가 적은 파자마를 착용해야 목, 손목, 발목을 늘 따뜻하게 유지할 수 있습니다. 모자가 목을 압박하여 부자연스러운 수면 자세를 취하게 되는 상황도 방지되고요.

'어차피 잠만 자니까 아무거나 입어도 상관없어.'라고는 부디 생각하지 말아 주세요. '무엇을 입고 자느냐'는 내일 당신의 몸과 마음 상태를 좌우합니다.

'그냥 드러누워 있는 7시간'보다는 '오늘의 손상을 회복하고, 내일의 기운과 매력을 충전하는 7시간'으로 삼는 편이 시간을 더 보람차게 활용하는 방식 아닐까요?

파자마는 당신을 아름답고 건강하게 만들어 줄 필수 아이템입니다. 소중한 자신에게 투자한다는 생각으로 마음에 쏙 드는 파자마를 한 벌 골라 보세요.

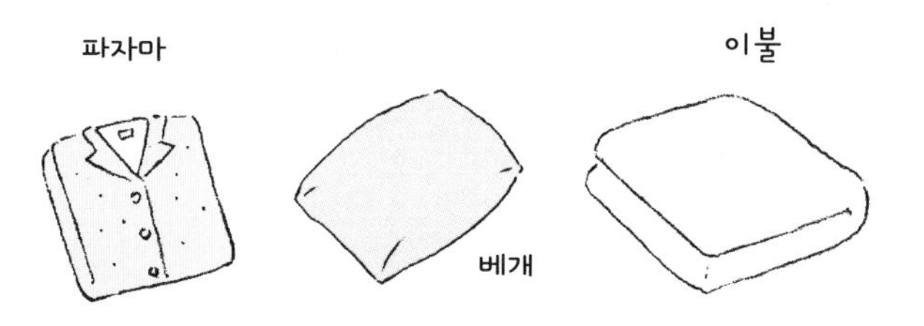

TOPICS 020

숙면할 수 있는 침실의 포인트는 '온도'와 '습도'

아침까지 쭉 숙면하는 사람과 깊이 잠들지 못하는 사람. 똑같은 시간 동안 잠자리에 누워 있어도 수면의 질에 차이가 생기는 이유는 무엇일까요?

그 이유 중 하나는 '침실' 환경의 차이입니다. 매일 밤 숙면 하는 사람은 침실을 '편히 잠자는 장소'로 만들기 위해 공을 들이거든요. 혼자 사는 사람이건 가족과 함께 생활하는 사람이건 간단하게 '쾌적한 침실 환경을 만들 수 있는' 포인트를 소개합니다.

온도

숙면하기 좋은 침실의 온도는 1년 내내 16~28℃입니다. 또 침실 온도와는 별개로 숙면하기 적절한 '침상 기후' 온도가 따로 있는데, 이쪽은 1년 내내 33℃ 전후입니다. 침상 기후란 몸과 침구 사이에 생기는 공간의 환경을 가리킵니다.

여름과 겨울에는 에어컨을 요령껏 활용하여 지나치게

덥거나 춥지 않도록 침실 온도를 관리해 주세요. 찬 공기는 아래에, 더운 공기는 위에 정체되기 쉬우니 서큘레이터로 공기 순환을 돕는 것도 좋습니다.

습도

습도에도 쾌적한 수면에 알맞은 기준치가 있습니다. 침실은 60% 전후, 침상기후는 50% 전후입니다.

습도는 관리하기 어려우므로 확인이 편하도록 잠자리 높이에 맞춰 온습도계를 놓아두는 방법을 추천합니다. 겨울처럼 공기가 건조한 시기에는 가습기, 여름처럼 습기가 많은 시기에는 제습기를 각각 활용하여 침실의 습도를 조절합시다.

커튼

원활한 수면을 유도하는 커튼 색상도 있습니다.

교감신경을 자극하여 잠을 방해하는 색상은 대비가 강한 색상(빨강, 검정 등)입니다. 이런 색상은 색채심리학적으로 침실에는 어울리지 않는 색입니다.

대신에 은은한 파스텔컬러나 푸른색, 베이지색 계열의 커튼을 달면 마음이 안정되어 몸과 마음 모두 긴장을 풀고 잠들 수 있습니다.

냉증과 체온과 잠의 관계

여성을 수시로 괴롭히는 강적, '냉증'은 수면과도 무관하지 않습니다. '잠드는' 원리에 체온 변화가 크게 관여하기 때문입니다.

'잠자리에 들어도 좀처럼 잠이 오지 않을' 때는 손발을 덥히거나 '한 동작'을 추가하여 적극적으로 수면 스위치를 누릅시다.

POINT

☑ 수면과 체온 사이에는 큰 관계가 있다.

☑ 손발이 차가우면 쉽게 잠들지 못한다.

☑ 여름밤에도 발목만큼은 따뜻하게 유지한다.

☑ 자각증상이 없는 '숨은 냉증'도 있다.

☑ 취침 전 한 동작으로 따끈따끈&새근새근.

LET'S STUDY >>>>> TOPICS 021-024

TOPICS 021

잠이 안 올 때는 손발부터 녹인다

"옷을 껴입어도 손발은 도통 따뜻해지지 않는다."

'냉증'으로 고생하는 여성들이 적지 않습니다.

냉증은 비단 겨울뿐만 아니라 에어컨이 켜진 공간에서 찬 음료를 벌컥벌컥 들이키는 여름에도 나타납니다. 사계절이 뚜렷한 나라에서는 간절기가 되면 자율신경의 균형이 깨져 몸이 차가워지기도 하지요.

계절에 상관없이 냉증을 물리칠 대책을 세울 필요가 있습니다.

냉증의 유형은 손이나 발 같은 몸의 말단까지 혈액이 충분히 순환하지 않아서 생기는 '수족냉증', 다이어트나 운동 부족으로 근육량이 감소하고 내장 기능과 신진대사가 저하되어 생기는 '전신냉증', 수분을 과하게 섭취하거나 적절히 배출하지 못해 생기는 '수분냉증' 등으로 나뉩니다. 어느 유형이나 혈액순환의 악화 및 컨디션 저하를 일으킬 가능성이 있지요.

냉증은 수면과도 깊은 연관이 있습니다. 인체에는 '피부 온도'와 '심부 체온(내장의 온도)'이라는 두 가지 체온이 존재합니다. 그리고 인체는 심부 체온•이 떨어지면 잠이 오게끔 이루어져 있지요. 핵심은 심부 체온을 떨어뜨리려면 손발의 피부 온도가 높아질 수밖에 없다는 점입니다.

아기가 막 잠들려고 할 때를 떠올려 보세요. 손발이 따끈따끈하지 않던가요? 손발로 열이 방출되어야 심부 체온이 떨어지면서 자연스럽게 잠이 옵니다. 반면, 손발이 찬 사람은 이런 원리가 제대로 작동하지 않아 순조롭게 잠들지 못합니다. 즉, 손발이 차가우면 몸이 잘 준비에 들어가지 못할 수 있다는 말입니다.

대책으로는 레그워머 착용 외에도 '수욕手浴과 족욕'이 있습니다. 따뜻한 물을 채운 세숫대야에 손과 발을 10분쯤 담가 덥혀 주세요.

심부 체온이 막힘없이 내려가도록 손발을 항상 차갑지 않게 유지하는 습관을 들입시다.

MEMO • 심부 체온이 뚝 떨어지는 시간대는 오전 3~4시와 오후 2~3시로 이때에는 강한 졸음이 온다. 가장 높아지는 시간대는 오후 7시 전후이고, 오후 9시가 넘어가면 다시 내려가기 시작하면서 잘 준비에 들어간다.

TOPICS 022

'냉증도 일종의 스트레스'라고 받아들인다

앞에서 냉증의 여러 유형을 소개했는데, 최근에는 새로운 냉증이 바쁘게 살아가는 여성들 사이에서 증가하고 있습니다. 바로 '스트레스성 냉증'입니다.

'스트레스는 마음의 문제인데, 몸이 차가워진다고?'라는 의문이 드실지도 모르겠습니다. 하지만 스트레스로 마음이 싸늘해지면 몸도 싸늘해질 수 있어요.

스트레스를 받아 교감신경이 우위에 올라서면 맥박이 빨라지고, 혈압이 상승하고, 장 활동은 긴장으로 억제됩니다. 게다가 온몸의 혈액순환마저 악화되기 때문에 냉증이 생기게 됩니다.

참고 견디며 열심히 살다 보면 스트레스가 쌓이기 마련이라지만 건강을 해쳐서야 밑천도 못 건지는 셈입니다. '너무 무리한 건가……' 싶을 때는 발걸음을 멈추고, 모쪼록 자신의 몸과 마음을 보살펴 주시기 바랍니다.

깊고 느리게 숨을 쉬어서 호흡 조절하기, 딱딱해진 근육을 스트레칭으로 풀어 주기, 장이 편안해지는 음식으로 식사하기와 같은 일들을 의식적으로 실천해 보세요. 스트레스 상태가 완화되어 혈액순환이 좋아지고, 냉증도 개선할 수 있습니다. 따뜻한 몸을 되찾고 나면 잠도 잘 오겠지요.

냉증으로 고생하는 사람은 남성보다 여성이 많습니다. 여성은 남성과 비교했을 때 상대적으로 몸에 근육이 덜 붙고, 지방은 잘 붙는 신체적 특징을 가졌습니다. 열을 생성하여 혈액을 통해 운반하는 근육의 양이 적으니 몸을 덥히기가 그만큼 힘든 것입니다.

'냉한 체질은 유전'이라고 생각해서 냉증 개선을 포기하는 사람이 간혹 있습니다. 그런 분에게는 희소식을 전하고 싶어요.

우리는 냉한 체질을 비롯하여 여러 가지를 '유전이라 어쩔 수 없어.'라고 여기는데, 실제로 유전의 문제는 그중 30%밖에 없다고 합니다. 나머지 70%는 모두 환경이나 습관으로 어떻게든 만회할 수 있다고 해요. 그렇다면 이것도 저것도 '유전이라…….' 하고 포기하기는 너무 아깝습니다. 앞으로 문제를 어떻게 인식하고 다루느냐에 따라 개선할 수 있는 여지가 충분하니까요.

TOPICS 023

배를 만져서 '숨은 냉증'을 알아낸다

"난 냉한 체질이 아니라 괜찮아!"라고 안심하는 여성들 가운데에도 알고 보면 냉증인 사람이 있습니다. 자각 증상은 없지만 사실은 몸이 차가운 '숨은 냉증' 유형입니다.

숨은 냉증은 불면을 포함한 각종 문제의 원인이 되기 때문에 반드시 개선해야 합니다. 먼저 다음 중 당신에게 해당되는 사항이 있는지 체크해 보세요.

- ☑ 여름이면 맨발에 샌들이나 뮬•을 자주 신는다.
- ☑ 사무실의 냉방이 강해서 춥다.
- ☑ 운동을 규칙적으로 하지 않는다.
- ☑ 매일 욕조에 몸을 담그지 않고 샤워만 한다.
- ☑ 탄산음료나 커피를 좋아한다.

만약 짚이는 구석이 있다면 숨은 냉증을 의심해 봐야 합니다. 냉증을 유발하는 생활 습관을 지속하면 어느새 몸에 냉기가 축적되어 있을 수 있어요.

숨은 냉증인지 아닌지는 '자기 배를 스스로 만져 보는' 방법으로 확인하면 됩니다.

배를 만졌을 때 차갑게 느껴진다면 냉증을 무찌르는 습관(생강과 발효식품 섭취하기, 단것 피하기, 목욕하기 등)을 들이는 일이 급선무입니다.

찬 음료를 과하게 섭취하는 것도 자제하세요. 카페에 들어가서 '그냥 더우니까' 얼음이 든 차가운 음료만 찾아 마시다 보면 몸은 당연히 차가워집니다. 아무리 여름이라도 상온보다 찬 음료는 되도록 피하고, 가끔은 따뜻한 음료를 고릅시다.

앞서 소개한 '3목(목, 손목, 발목) 따뜻하게 하기'도 간편한 냉증 대책입니다. 냉방기기가 돌아가는 공간에서는 여름에도 긴 숄을 두르거나 긴팔 옷을 걸치고 양말, 레그워머, 무릎덮개를 활용해 주세요. 패션으로 연출해도 멋스럽답니다.

숨은 냉증을 알아차리지 못해 만성화가 진행되면 변비, 부종, 위장장애 등 갖가지 질병으로 이어질 우려가 있습니다. 냉증 자체가 병은 아니지만 '병으로 넘어가는 과도기'의 '건강하지 못한 상태'인 만큼 대책이 꼭 필요합니다. 더 나빠지기 전에 자가진단부터 한번 해 봅시다.

MEMO • 뒤가 없고 앞은 마감되어 있는 신발 스타일. -편집자 주

TOPICS 024

취침 전 '한 동작'으로 숙면하기

수면의 질을 높이려면 몸을 이완시켜 낮의 긴장 모드에서 벗어나는 일이 중요합니다.

취침 전 간단하게 심신의 긴장을 풀고, 몸을 따뜻하게 만드는 최고의 기술을 소개할게요. 제가 직접 해 보고 '이걸 하니까 잠이 잘 오네!' 싶었던 것들 중 지금도 계속 실천하는 세 가지입니다. 각각 '한 동작 수면 요가', '근육 이완 운동', '골프공으로 발바닥 자극하기'라고 부르지요.

세 가지 모두 전혀 어렵지 않고, 딱 1분이면 충분합니다. 큰 기구나 특별한 장소도 필요 없어서 출장지나 여행지 등 언제 어디에서나 숙면의 주문을 걸 수가 있어요.

수면 요가의 목표는 아름다운 자세의 완성이 아니라 깊은 호흡을 멈추지 않고 의식적으로 계속하는 일입니다. 호흡이 제일 중요해요. 자세는 무리하지 않는 선에서 '기분 좋다.' 싶을 정도로만 하면 됩니다.

셋 중 하나를 골라서 해도 좋고, 전부 다 실시해도 괜

찾습니다. 마음에 드는 방법을 '나만의 수면 세리머니'로 삼아 주세요.

'깊게 호흡하는' 한 동작 수면 요가, 코브라 자세 ▷80쪽

우리는 낮 동안 책상 업무며 스마트폰 조작 등으로 구부정한 자세를 많이 취합니다. 취침 전에는 등부터 허리까지 근육을 쭉 늘리면서 가슴 근육을 열고 깊게 호흡합시다. 혈류가 개선되어 몸이 따뜻해집니다.

'뻐근함을 풀어 주는' 근육 이완 운동 ▷81쪽

종일 활동하느라 뻐근해진 몸과 마음을 풀어 주면 수면의 질이 높아집니다. 머리부터 발끝까지 온몸의 근육을 사용하는 것이 요령이랍니다.

'가뿐하게 잠드는' 골프공으로 발바닥 자극하기 ▷81쪽

발뒤꿈치 중앙 부근에는 '실면失眠'이라는 혈이 있습니다. 실면은 잠이 오지 않을 때 자극하면 좋은 혈자리에요. 여기를 골프공으로 빙글빙글 누르면 가뿐하게 잠들 수 있습니다.

몸을 이완시켜 숙면을 부르는 취침 전, 한 동작 스트레칭

깊게 호흡하는

한 동작 수면 요가(코브라 자세)

1단계 엎드려서 머리부터 발끝까지 몸을 곧게 펴고, 양 팔꿈치를 구부려 손바닥을 바닥에 댑니다. 이때 양 손바닥은 가슴 옆을 짚어야 합니다.

2단계 천천히 팔꿈치를 펴서 상반신을 일으키고, 턱을 들면서 허리를 뒤로 젖힙니다. 이때 골반은 바닥에서 떨어지지 않아야 합니다. 5회 호흡하면서 10초간 자세를 유지하세요. 숨을 내쉬면서 1단계 자세로 돌아갑니다.

빼근함을 풀어 주는

근육 이완 운동

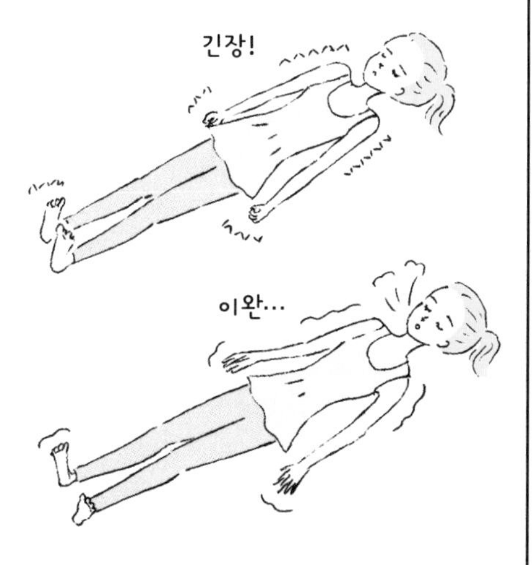

1단계 드러누운 상태에서 손은 주먹을 쥐고, 발끝은 천장을 바라보게 둡니다. 온몸에 힘을 바짝 준 다음 그대로 5초간 유지합니다.

2단계 5초가 지나면 숨을 내쉬면서 온몸의 힘을 완전히 빼고 늘어집니다. 이 동작을 3~5회 반복합니다.

가뿐하게 잠드는

골프공으로 발바닥 자극하기

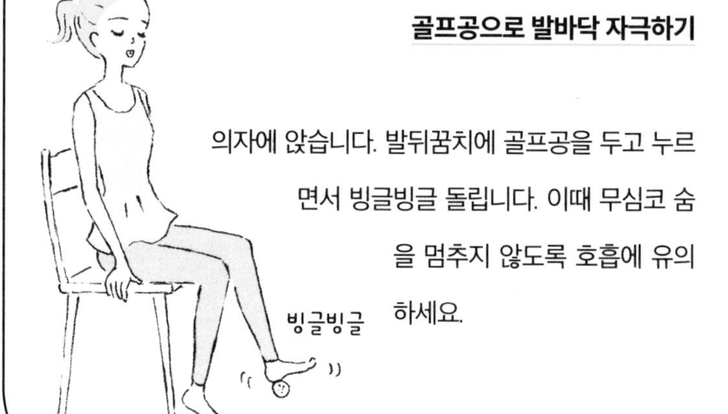

의자에 앉습니다. 발뒤꿈치에 골프공을 두고 누르면서 빙글빙글 돌립니다. 이때 무심코 숨을 멈추지 않도록 호흡에 유의하세요.

제 3 장

아름다워지는 수면법

누구나 돈 들이지 않고 할 수 있는 수면 미용

아름다워지려면 꼭 비싼 화장품을 쓰고, 피부관리실에 다녀야 할까요?
세계의 미인들이 으뜸으로 치는 미용법은 '수면'입니다.
실제로 많은 미인이 그 사실을 공언하고 있지요.
수면은 누구든지 아름답게 만들어 주는, 세상에서 가장 공평한 미용법이거든요.
질 좋은 수면을 손에 넣는다면 잠에서 깬 얼굴이 마치 관리실을 다녀온 듯 예뻐지는 것도 꿈이 아닙니다.

POINT

- ☑ 피부 미인은 잠을 소중히 여긴다.
- ☑ '첫 3시간'은 수면이 중단되지 않도록 한다.
- ☑ 숙면을 돕는 호르몬의 분비를 늘린다.
- ☑ '이를 악무는 잠버릇'이 얼굴을 크게 만든다.
- ☑ '아침에 못 일어나거나 얼굴이 붓는다면' 귀를 자극하여 해소한다.

LET'S STUDY >>>>> TOPICS 025-032

TOPICS 025

공짜로 고운 피부 만들기

'잠이 부족한 탓인가? 피부가 너무 거칠어진 것 같아.'

'어젯밤에 잠을 설쳐서 그런지 파운데이션이 좀 뜨네.'

혹시 이런 생각을 해 보신 적이 있나요? 아마도 많은 여성이 '수면과 미용은 무언가 관계가 있다'라고 생각하고 있을 것입니다.

많은 여성의 예상대로 수면과 미용은 깊은 관계가 있습니다. 탄력 있고, 부드러우면서도 촉촉한 피부를 가진 사람은 너나없이 잠을 소중하게 여깁니다.

인기 모델인 미란다 커도 수면을 중시하는 사람 중 한 명입니다. 취침 시에는 파도 소리를 배경음악으로 사용하고, 기상 시에는 유쾌하게 일어날 수 있도록 알람 앱을 활용하는 등 질 높은 수면을 유지한다고 해요.

할리우드 스타 제니퍼 로렌스는 침대에 눕기 전부터, 그것도 오후 6시라는 꽤 이른 시간부터 단잠을 위한 준비를 시작한다고 하더군요.

세계에서 가장 아름다운 여성으로 선정된 제니퍼 애니스톤과 제니퍼 로페즈도 수면을 중요시한다고 공언했고요. 수면은 세계의 톱 스타들이 보증하는 미용법인 셈입니다.

특별한 재능도, 돈도, 도구도 필요치 않습니다. 그저 푹 자기만 하면 누구나 아름다워질 수 있다니, 수면이야말로 세상에서 가장 공평한 미용법이 아닐까요?

더군다나 사소한 요령으로 수면의 질을 높이면 같은 시간을 자도 더욱 아름다워집니다. 실천하지 않을 이유가 없지요.

매달 피부관리실이나 비싼 화장품에 돈을 들이고 있나요? 그렇다면 돈을 들인 만큼의 효과를 실감하고 계신가요?

수면 미용은 누구나 공짜로 시작할 수 있고, 습관을 들이고 나면 영원히 아름다움을 유지할 수 있는 궁극의 미용법입니다.

TOPICS 026

첫 3시간 동안 자면서 피부 관리하기

나이에 상관없이 피부가 촉촉하고 투명한 사람은 수면 시간이 곧 피부를 관리하는 시간이라는 점을 알고 있습니다. 고가 에센스보다 뛰어난 효과를 발휘하는 최상의 미용법, 그것이 수면 미용입니다. 단, 그냥 꾸벅꾸벅 졸거나 오래오래 자기만 해서는 의미가 없습니다.

'첫 3시간' 동안 숙면이 중단되지 않는 것이 관건입니다. 그때 이루어지는 수면의 질이 피부 상태에 영향을 미치는 이유는 '성장호르몬' 때문입니다.

성장호르몬은 피부 세포의 신진대사를 촉진하는 물질입니다. 오래된 세포를 새로운 세포로 자연스럽게 교체하여 고운 피부를 유지시켜 주지요. 낮에 입은 손상도 '없었던 일로' 감쪽같이 회복시켜 주는 아름다움의 강력한 수호자입니다.

한마디로 성장호르몬은 피부를 아름답게 가꾸어 주는 최고급 천연에센스입니다. 이 최고급 에센스를 듬뿍 분비시키는

열쇠가 '수면 첫 3시간'에 있습니다.

성장호르몬의 하루 분비량 중 약 70%는 자는 동안 분비됩니다.

6~7시간의 수면 시간 중 성장호르몬이 특히 집중적으로 분비되는 시기는 잠이 들고 난 뒤 약 3시간 동안입니다. 이때를 성장호르몬 분비의 황금시간대라고도 부르는데, 핵심은 이때 '깊이 잠들어 있어야' 성장호르몬이 분비된다는 점입니다. 수면 첫 3시간 동안 숙면하는 일이 그래서 중요합니다.

첫 3시간 사이에 수면이 중단되면 성장호르몬의 분비가 가로막혀 수면의 미용 효과도 떨어집니다. 가령 저녁 식사 후 소파에서 텔레비전을 보다 선잠이 들곤 하는 사람은 어떨까요? 퍼뜩 깨어난 순간 수면이 중단되어 고운 피부를 만들 기회가 날아갑니다. 이때 잠이 쏟아진다면 목욕이고 뭐고 당장 침실로 들어가 눈을 붙이는 게 좋습니다.

그럼 3시간 이후에는 별 의미가 없는가 하면 결코 그렇지 않습니다. 3시간 이후는 분비된 성장호르몬이 활동하는 시간입니다. 몸과 마음을 정비하고, 머릿속을 정돈하는 데 없어서는 안 될 시간이기도 하고요. 종합적으로 보면 역시 수면 시간은 7시간가량 확보하는 것이 좋습니다.

TOPICS 027

미인이 '오전 0시'에 잠자는 진짜 이유

"피부 관리의 황금시간은 오후 10시부터 오전 2시까지"라는 말, 누구나 한 번쯤은 들어봤을 미용 상식입니다.

하지만 이 상식은 고릿적 이야기예요. 일종의 전설이라고 할까요? 지금은 앞에서 설명했다시피 '수면 첫 3시간 동안 숙면을 유지하는' 것이 고운 피부를 만드는 수면법의 정석입니다. 오후 10시 취침에 얽매일 필요가 전혀 없어요. 매일 바쁘게 지내다 보면 오후 10시에 취침하기란 상당히 어렵고, 현실적이지 못하니까요.

저의 취침 시간도 매일 오전 0시입니다. 실은 '오전 0시까지 잠드는' 습관이 고운 피부 만들기의 키포인트거든요.

수면 미용에 있어서 성장호르몬과 맞먹을 만큼 중요한 호르몬이 수면호르몬이라 불리는 '멜라토닌melatonin'입니다. 멜라토닌은 수면을 촉진할 뿐 아니라 강력한 항산화작용과 항암작용을 하고, 노화방지에도 도움이 됩니다. 즉, 멜라토닌은 우리가 몇 살이 되건 언제까지나 아름다움을 유지하는 데 필수적인 호르몬입니다. 이 호르몬은 날이 어두워지면 분비되기 시작하여 오전 0~3시 사이에 가장 왕성하게 분비됩니다.

그러면 이쯤에서 정리를 해 보겠습니다.

앞서 소개한 성장호르몬은 수면 첫 3시간 동안 숙면해야 충분히 분비되는 최고급 천연에센스입니다. 지금 소개하는 멜라토닌은 오전 0~3시 사이에 왕성히 분비되는 호르몬이고, 숙면을 촉진함으로써 성장호르몬의 분비를 뒷받침하는 역할도 합니다. 고로 '오전 0시까지는 잠들어서 첫 3시간 동안 깨지 않아야' 성장호르몬과 멜라토닌의 상승 작용을 기대할 수 있겠지요. 이 포인트를 놓치지 않으면 두 호르몬의 도움을 받아 완벽한 수면 미용이 가능합니다.

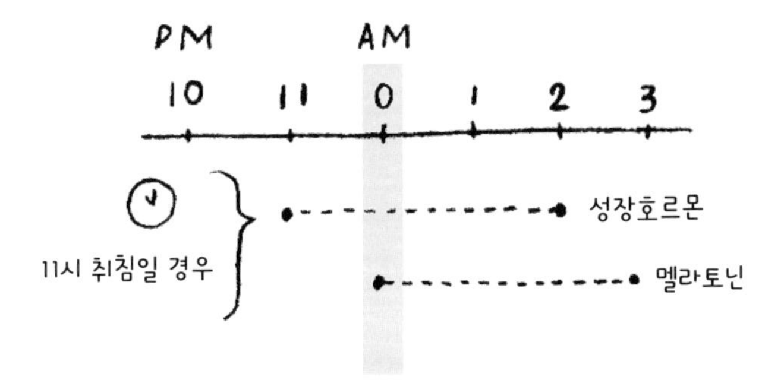

TOPICS 028

피부를 곱게 하는 호르몬을 늘리는 방법

수면호르몬이면서 항산화작용까지 겸비해 수면 미용의 효과를 극대화하는 멜라토닌의 분비를 늘리고 싶다면 마냥 기다리지 않고, 직접 나설 수도 있습니다.

멜라토닌을 늘리는 열쇠는 '세로토닌serotonin'이라는 신경전달물질입니다.

치유와 건강의 호르몬으로도 잘 알려진 세로토닌이 있기에 우리는 낮 동안 기력과 활력을 유지하며 생활합니다.

세로토닌이 충분한 사람은 성격이 너그럽고 감정에 큰 기복이 없어 주위의 사랑을 받습니다. 반면 세로토닌이 부족한 사람은 쉽게 히스테릭해지거나 지나치게 걱정을 많이 하는 경향이 있어요.

세로토닌은 밤이 되면 뇌의 솔방울샘(송과체)이라는 부위에서 멜라토닌으로 바뀝니다. 다시 말해 세로토닌은 24시간 동안 형태를 바꾸어 가면서 몸과 마음의 건강을 지탱해 줍니다. 이 때문에 낮에 분비되는 세로토닌의 총량이 늘어날수록 밤에 분비되는 멜라토닌의 양도 늘어나 숙면은 물론이고 언제까지나 아름답고 매력적인 모습도 손에 넣을 수 있지요.

제4장에서도 다루겠지만 낮에 세로토닌을 최대한 분비하려면 '일정한 리듬으로 반복되는 운동'을 하는 것이 효과적입니다. 그렇다고 격렬한 운동을 할 필요는 없어요. 저의 추천은 운동을 잘 못해도 가볍게 실시할 수 있는 '세로토닌 워킹serotonin walking'입니다. "하나 둘, 하나 둘" 박자를 세면서 넓은 보폭으로 성큼성큼 걷기만 하면 됩니다. 팔은 앞뒤로 크게 흔들어 주세요.

이밖에도 노래방에서 노래를 부르거나 친구와 대화하며 큰소리로 웃는 일, 휴일에 자전거를 타거나 수영하는 일도 전부 세로토닌의 분비를 활성화합니다.

마지막으로 '빛'은 세로토닌의 분비를 촉진하는 필수 요소입니다. 밝은 낮 시간대에 일부러 걷기, 엘리베이터와 에스컬레이터 대신 계단 이용하기 등• 일상 속에서 '세로토닌의 분비를 활성화 할 수 있는 습관'을 점점 늘려 봅시다.

참고 **144쪽** 겸사겸사 리듬 타기

MEMO • 의욕을 높이는 수단으로 활동량이 측정되는 웨어러블wearable기기나 만보기를 이용하는 방법도 추천한다.

TOPICS 029

얼굴이 작아지는 수면법

'얼굴이 부어서 두 배나 커 보이네.'

'요즘 들어 사각턱이 더 발달한 것 같아.'

아침에 일어나서 거울을 보다가 이런 생각이 들어 시무룩해진 적은 없나요?

어쩌면 자는 동안 무의식적으로 이를 악물고 있어서 그런지도 모릅니다. 자는 동안뿐만 아니라 컴퓨터 작업을 한다거나 무언가에 몰두하는 동안에도 우리는 무심코 이를 악뭅니다. 예전에 소규모 수면 학습회를 개최했을 때, 참가한 20명에게 "이를 악무는 습관이 있나요?"라고 물었더니 놀랍게도 20명 전원이 "있다."라고 대답하더군요.

이를 악무는 습관은 아름다움의 큰 적입니다. 왜 그럴까요?

이를 악물 때 발생하는 압력은 약 60~80kg이라고 합니다. 이렇게 강한 압력이 턱에 가해지면 사각턱이 발달하거나 얼굴 근육이 뭉치기 십상이에요. 뭉친 얼굴 근육을 방치하면 얼굴의 혈액순환이 나빠지기 때문에 필요한 영양소와 산소가 고루 퍼지지 않습니다. 결국 얼굴 근육의 질이 저하되어 피부가 처지고, 주름이 져서 '나이 들어 보이는 인상'을 갖게 됩니다.

미용 이외의 측면에서도 이를 악무는 습관은 좋지 않습니다. 목, 어깨, 머리로 넓게 이어지는 근육이 긴장하여 딱딱해지고, 그로 인해 목에 통증이 생기거나 어깨 결림 또는 편두통이 나타날 우려가 있습니다.

본디 수면 시간이란 피로를 풀어 에너지를 충전하고, 몸과 마음을 아름답게 가꾸는 시간입니다. 그런데 이를 악물어서 괜한 손상을 자초하다니 너무 안타까운 일이지요. 이 악물기는 말 그대로 백해무익한 습관입니다.

자면서 이를 악무는 행동을 방지하는 방법으로는 '나이트가드night guard(마우스피스) 착용'이 있습니다. 나이트가드를 착용하면 이를 악물어도 이와 잇몸이 보호되어 자연스럽게 입 주변이 이완됩니다.

나이트가드는 치과에서 구입이 가능해요. 저도 몇 년 전부터 치과에서 제작한 나이트가드를 애용하고 있는데, 이를 악무는 것을 방지해 줄뿐더러 얼굴이 작아지는 효과도 실감해서 이제는 항상 착용하고 잡니다.

경락 마사지라든가 전신미용 등 작은 얼굴을 만드는

방법은 다양하지만 매일 밤 착용하고 자기만 해도 얼굴이 작아지는 건 나이트가드뿐입니다. 꾸준히 돈이 들기는커녕 별다른 노력조차 할 필요가 없으니 이것이야말로 일석삼조가 아닐까요?

TOPICS 030

부기 없이 상쾌하게 일어나는 '가위바위보 귀 마사지'

'푹 자고 상쾌하게 일어나는가'는 질 높은 수면의 여부를 판단하는 하나의 기준입니다. 언뜻 간단해 보이지만 사실은 달성하기가 꽤나 어려운 기준이에요.

실제 수면 상담에서도 아침에 상쾌하게 일어나지 못해서 고민이라는 이야기를 가장 많이 듣습니다. "알람을 2시간 이상 빠르게 맞추지 않으면 일어나지 못한다.", "아침마다 몸이 힘들어서 이불 밖으로 나가지 못한다." 등 하루를 유쾌하게 시작하지 못하는 사람이 정말 많습니다.

상쾌하게 일어나는 요령은 뒤에서 자세히 설명하기로 하고, 여기서는 아침에 일어나기가 힘든 분들에게 추천하고 싶은 방법부터 먼저 소개할게요. 잠자리에 누워서도 1분이면 가능한 데다 얼굴 부기까지 해소할 수 있는 '가위바위보 귀 마사지'입니다.

귀에는 100개 이상의 혈이 몰려 있습니다. 신진대사를 촉진하는 혈, 식욕을 조절하는 혈 등 이런저런 미용 효과가 기대되는 혈도 많고요.

귀는 머리와 가까이 있기 때문에 마사지를 하면 자극이 뇌에 곧바로 전달됩니다. 그렇다 보니 금방 머리가 맑아지고, 체온이 올라가면서 자연스럽게 눈이 반짝 떠집니다.

게다가 귀를 마사지하면 귀가 순식간에 따끈따끈해지기 때문에 추운 겨울날, 이불에서 나가기가 괴로워 도로 잠들고 싶을 때에도 기분 좋게 일어날 수 있습니다.

'가위바위보 귀 마사지' 방법

주먹: 귀 윗부분과 아랫부분을 맞붙이듯이 둥글게 접는다.

가위: 손가락을 가위 모양으로 만들어서 중지는 귀 앞에, 검지는 귀 뒤에 둔다. 귀를 손가락 사이에 끼운 채 위아래로 문지른다.

보자기: 귓바퀴를 위, 중앙, 아래의 순으로 잡아당긴다.

이 동작을 원하는 만큼 반복하기만 하면 됩니다.

'가위바위보 귀 마사지'는 얼굴선을 매끈하게 만들어 얼굴이 작아지는 효과까지 기대할 수 있는 좋은 아침 습관입니다.

참고 **134쪽** 상쾌하게 일어나기 위한 습관

TOPICS 031

아침에 눈뜨자마자 거울로 확인해야 할 '수면의 결과'

현재 모습을 있는 그대로 비추는 '거울'은 개선점을 거침없이 알려주는 엄격한 선생님 같습니다. 잘 활용하면 아름다움을 지켜주는 든든한 아이템이기도 하고요.

'아침에 거울을 보는 일'은 여성을 아름답게 하는 중요한 습관 중 하나입니다.

많은 사람이 외출 전에 화장을 하거나 머리 모양을 매만지면서 거울을 볼 텐데, 사실 아름다움을 끌어올리는 거울 사용법은 따로 있습니다. 아침에 일어나자마자 거울을 보고 다음의 두 가지 사항을 확인하세요. 그러면 자기가 밤에 잘 잤는지, 수면의 질을 더 높이려면 무엇을 개선해야 하는지 알 수 있습니다.

'다크서클'이 생겼는가

눈 밑에 푸르스름한 다크서클이 생기지는 않았나요? 푸른 다크서클은 눈 밑의 혈액순환이 악화되어 산소 부족 상태에 놓인 혈액이 피부에 비치는 현상입니다. 눈 밑 혈액순환이 악화되는 이유에는 수면의 질도 포함됩니다. 잠을 잘 못 자면 온몸의 혈액순환이 악화되니까요.

평소보다 안색이 어두워진 경우에도 각별한 주의가 필요합니다. 다크서클이 생겼거나 안색이 어두워졌다면 그날 밤부터 숙면을 위한 대책을 강구합시다.

'목주름'이 생겼는가

목에 '가로 주름'이 생기지는 않았나요? 목주름이 나이 때문에 생기는 것만은 아닙니다. 베개 높이가 맞지 않아도 목에 가로로 주름이 생기거든요. 베개가 체형에 맞지 않으면 목이 눌리거나 틀어져서 자세가 부자연스러워집니다. 그런 자세로 몇 시간씩이나 잠을 자면 혈액도 자연스럽게 흘러갈 턱이 없고요. 일반적으로는 목에 가로 주름이 생긴다면 베개가 너무 높고, 얼굴이 붓는다면 베개가 너무 낮은 경향이 있습니다.

매일같이 바쁜 사람일수록 수면 시간을 미용 시간으로 활용하는 것이 좋지 않을까요? 그 첫걸음으로 거울에 비친 얼굴을 보고 '어젯밤 수면의 결과'를 확인하는 습관부터 만들어 봅시다.

참고 **65쪽** 베개 고르는 법

TOPICS 032

여름철 피부 트러블은 '3가지 수면 요령'으로 물리친다

여름에는 바다나 산으로 훌쩍 떠나는 휴가며 페스티벌, 캠프 등 즐거운 이벤트가 한가득합니다. 그렇지만 피부에게 여름은 시련의 계절이에요. 피로에서 오는 영양 부족이라든가 강한 자외선으로 인한 피부 손상은 물론이고 기미, 주근깨, 주름, 가려움 등 온갖 트러블이 발생하기 쉬운 계절이기 때문입니다.

그런 여름철에도 고운 피부를 유지하는 데 도움이 되는 수면 요령을 소개합니다.

에어컨으로 침실 벽을 식힌다.

침실에 있는 에어컨은 취침하기 직전이 아니라 1~2시간 전부터, 25~26℃의 강풍으로 틀어 둡니다. 이때 요까지 시원해지도록 덮는 이불만 개켜 놓으면 일석이조입니다. 잠자리에 든 다음에는 에어컨 설정을 27℃의 약풍으로 조절하고, 2~3시간이면 꺼지게끔 타이머를 맞춘 뒤 취침합니다.

이렇게 하면 벽이 시원해져서 밤중에 에어컨이 꺼져도 복사열의 영향을 받지 않아 아침까지 쾌적한 실내온도가 유지되므로• 숙면할 수 있습니다. 단, 에어컨 바람이 몸에 직접 닿지 않도록 주의하세요.

보냉제로 머리를 식힌다

쾌적한 수면의 기본은 '머리는 차갑게, 발은 따뜻하게'입니다. 앞에서 설명했다시피 심부 체온이 떨어지면 자연스럽게 잠이 옵니다. 심부 체온 중에서도 숙면의 열쇠를 쥔 것은 '뇌의 온도'이고요. 요컨대 뇌의 온도가 떨어져야 숙면으로 직행한다는 뜻입니다.

덥고 습한 여름에는 공기가 잘 통하는 마 소재라든가 다른 시원한 소재의 베개 커버를 사용하여 보송보송한 상태를 유지합시다. 냉동실에서 식힌 쿨베개나 보냉제를 활용하는 방식도 추천해요. 단, 눈가와 목은 너무 차가워지면 안 되니 주의하시기 바랍니다.

여름 채소로 몸을 식힌다

더운 날에는 아무래도 찬 음료와 음식을 자주 섭취하기 쉬운데, 차가운 음식물로만 종일 배를 채우면 몸이 속에서부터 차가워집니다.

원래 자연계에 사는 생물은 상온 이하의 음식을 잘 먹지 않습니다. 냉장고에 넣어 차디차게 식힌 음식물을 섭취하는 건 우리 인간에게도 그리 자연스러운 일이 아니라 몸에 부담을 줍니다. 일부러 냉장고에 넣어 차갑게 만든 음식보다는 자연스럽게 체온을 떨어뜨려 주는 식품을 섭취하면 어떨까요?

먹으면 자연스레 몸이 시원해지는 음식이란 '여름 채소'를 가리킵니다. 구체적으로는 토마토, 오이, 가지, 여주, 서양호박(주키니), 파프리카 등이 있지요.

제철 채소는 계절에 순응하려는 인간의 몸을 도와줍니다. 더위와 열감을 억제할 뿐 아니라 자외선으로부터 피부를 보호하는 항산화력 또한 우수하지요. 신선한 수분은 물론이고, 비타민과 칼륨처럼 자칫 부족하기 쉬운 영양소도 풍부하니 적극적으로 식단에 도입합시다.

여름이 아닌 계절에도 건강한 아름다움은 '수면, 식사, 운동'의 삼위일체로 이루어집니다. 수면의 질과 양, 식사 메뉴와 시간, 운동의 종류와 강도와 시간……. 이 모든 요소가 복합적으로 맞물릴 때, 우리는 건강하고 아름다워진답니다. 그것을 잊지 말아 주세요.

MEMO ● 낮에 햇빛을 받아 벽에 흡수된 열기가 밤이 되면 방사되어 실내온도가 올라간다.

다이어트는 잠자는 것부터

다이어트란 '인내심과 노력이 필요해서 괴롭고 힘든 일'이라고 생각하는 사람이 많습니다.
열심히 하는데도 결과가 나오지 않아 스트레스를 받기도 하고요.
'수면'은 '살찌는 이유'와도 깊은 연관이 있습니다.
수면의 질이 나쁘기 때문에 살이 잘 빠지지 않을 수 있다는 뜻입니다.
도대체 왜 이런 현상이 생기는지 원리부터 알아봅시다.

POINT

- ☑ 잠을 못 자면 식욕이 돋는다.
- ☑ 밤을 새우면 몸이 고지방 · 고칼로리 음식을 원한다.
- ☑ 수면 개선으로 신진대사를 높여 '살찌지 않는 몸'을 만든다.
- ☑ 머리뿐만 아니라 몸도 적당히 피곤하게 만든다.
- ☑ 운동은 '수면 금지 시간대'에 한다.

LET'S STUDY
>>>>>
TOPICS 033-038

TOPICS 033

잠을 잤을 뿐인데 15kg이 빠진 이유

'푹 잤을 뿐인데 15kg이 빠졌다.'라는 이야기, 당신은 믿을 수 있나요?

이 얘기는 다름 아닌 저의 경험담입니다. 힘든 운동이나 특별한 식이요법 없이 다만 잠자는 방식을 고쳐 수면의 질을 올렸을 뿐인데, 최고로 살쪘을 때와 비교하면 15kg나 적은 몸매를 유지하고 있습니다.

그런 제가 드리고 싶은 말씀이 있습니다.

"매일 희망이 없고, 당장은 지옥 같아도 부디 초조해하지 마세요. 괜찮습니다. 일단 푹 주무세요. 푹 자서 몸과 마음을 충분히 쉬게 해 줍시다."

이렇게 말할 수 있는 이유는 과거의 제가 그랬기 때문입니다.

돈도, 직업도, 애인도 없었던 스물아홉 살. 저는 중증 공황장애로 외출조차 뜻대로 하지 못하는 히키코모리•였습니다. 그 와중에도 서른 살을 코앞에 둔 초조한 마음만큼은 남달리 컸고, 어서 이 어두컴컴한 터널을 빠져나가야 한다며 스스로를 채찍질했습니다.

'쉴 시간 따위는 없어.'

'반짝반짝 빛나는 긍정적인 사람이 되어야지.'

'하루빨리 지금의 내 모습에서 벗어나야 해.'

무리해서 몸을 망가뜨려 놓고는 좌절하여 마음을 다치고, 울고 또 우는 나날이 반복되었습니다. 정말 괴로웠어요.

일상도 피폐했습니다. 미래에 대한 불안으로 몸부림치면서 '무언가 인생의 돌파구가 없을까?' 싶어 인터넷 서핑을 계속하고, 새벽 4시가 되어서야 지쳐 잠들었다가 정오를 넘겨 부스스 일어나는 생활을 반복했습니다. 몸도 마음도 만성피로인 데다 생활이 불규칙한 탓에 월경이 반년 이상 멈춘 적도 있습니다.

식생활 역시 최악이었어요. 혼자 치즈케이크 한 판을 먹어치우기가 무섭게 돈코쓰라멘•• 두 그릇을 뚝딱 해치울 정도였지요. 편의점에 가면 아이스크림이나 케이크 같은 '단 음식'과 과자처럼 '짠 음식'을 세트로 사서 먹어댔습니다. 머리로는 '내가 이러면 안 되는데…….'라고 생각

MEMO ● 히키코모리引き籠もり: 집안에만 틀어박혀 지내는 은둔형 외톨이
●● 돈코쓰라멘豚骨ラーメン: 일본의 면 요리. 돼지 뼈를 우려낸 국물에 면을 말고 고명을 얹은 음식. -역주

하면서도 도저히 멈출 수가 없더라고요.

몸과 마음이 모두 만신창이가 된 저를 보다 못한 어머니가 어느 날 저에게 이런 말을 건넸습니다. "한번 다 잊고 늘어지게 자 보는 건 어떠니?"

문득 돌아보니 저는 쇠약해진 몸과 마음을 더 아껴 주기는커녕 정반대로 행동하고 있더군요. 힘들 때일수록 충분히 쉬어야 하고, 영양이 풍부한 음식을 섭취하여 에너지를 보충해야 하건만…….

저는 불안과 초조함이라는 스트레스에서 헤어나지 못한 채 쉬기를 거부했고, 폭음과 폭식을 되풀이하는 생활에 익숙해져 있었습니다.

반쯤 체념하는 마음으로 저는 어머니의 조언에 따라 '그래, 지금은 일단 자자.'라고 생각했습니다. '밤에 자고 아침에 일어나는 평범한 생활 습관을 되돌리자.'라고요.

당시 저에게는 수면에 대한 지식이 전혀 없었습니다. 세상에도 정보가 거의 없어서 제 몸을 가지고 이리저리 궁리를 했어요. 무작정 오래 자 보기도 하고, 짧은 시간을 바짝 자 보기도 하면서 저에게 가장 편안한 수면에 도달하기까지 약 2개월이 걸렸습니다.

그 결과 저는 자정에 잠들어 아침 7시에 일어나는 7시간 수면을 취했을 때 푹 자고 개운하게 일어난다는 사실을 알게 되었지요.

수면을 개선하고 첫 번째로 크게 달라진 부분은 정신적 스트레스가 놀랍도록 줄어들었다는 점입니다. 막연한 불안과 초조함, 조급함이 잦아들어 마음이 훨씬 평온해졌습니다.

그다음으로 '어? 내가 달라졌네.'라고 실감한 부분은 입맛입니다. 전에는 달콤한 디저트와 바삭하고 짭짤한 과자를 입에 지독하게 달고 살았는데, 언젠가부터 먹고 싶다는 생각이 자연스레 옅어지더니 이제는 편의점에도 들락거리지 않게 되었습니다.

공황장애 발작도 완화되어서 밖에 나가고 싶은 마음이 조금씩 생겼어요.

반년 남짓 지났을 무렵, 주변 친구들에게 "너 살 빠졌어?"라는 소리를 듣고 반신반의하며 체중계에 올라가 봤습니다. 몸무게가 제일 뚱뚱했을 때보다 7kg나 적더라고요. 깜짝 놀랐습니다. 이후 월경이 규칙적으로 돌아왔고, 골치를 썩이던 PMSpremenstrual syndrome, 월경전증후군도 지금은 어디론가 사라졌습니다.

'수면이 몸과 마음과 생각을 바꾸는 게 확실해!'

수면의 효과를 실감한 저는 자정에 잠들어 아침 7시에 일어나는 생활을 지속하면서 수첩에 몸무게를 기록했습니다. 결론적으로 제 몸무게는 총 15kg이 빠졌고, 요요현상

없이 지금껏 유지하는 중입니다.

잘 자면 인생이 바뀝니다. 이것은 저에게만 국한된 이야기가 아니라 누구에게나 일어날 수 있는, 이미 과학적으로 증명된 사실입니다.

TOPICS 034

잠이 부족하면 '식욕이 25% 증가'한다

체육관을 다니는데도 도무지 살이 빠지지 않는다거나 식이조절을 하는데도 아무 효과가 없다면 수면 상태를 점검해 봅시다. 푹 자면 날씬해지고, 덜 자면 뚱뚱해진다는 사실이 과학적으로도 증명된 바 있습니다.

왜 잠을 덜 자면 살이 찔까요?

우리 뇌에서 분비되는 호르몬이 '수면과 비만'에 깊이 관계되어 있기 때문입니다. 잠을 충분히 자지 않으면 식욕을 돋우는 '그렐린ghrelin'이 증가하고, 식욕을 억제하는 '렙틴leptin'은 감소한다는 점이 밝혀졌거든요.

'식욕'에 대하여 알기 쉽게 설명하겠습니다.

뇌의 시상하부에 존재하는 식욕조절중추는 공복감을 조절하는 '섭식중추'와 '포만중추(만복중추)'로 구성되어 있습니다. 섭식중추가 활성화되면 "더 먹고 싶어!" 하고 식욕을 돋우는 그렐린이 분비되고, 포만중추가 활성화되면 "이제 배불러!" 하고 식욕을 억제하는 렙틴이 분비되지요.

수면과 식욕의 관계를 뒷받침하는 조사 결과도 있습니다. 미국 스탠퍼드 대학에서 수면 시간이 8시간인 그룹과 5시간인 그룹을 비교한 결과 5시간 수면한 그룹의 그렐린이 14.9% 증가하고, 렙틴은 15.5%나 감소했습니다.

고로 수면 시간이 부족하면 '더 먹고 싶어!'라는 생각이 들 수밖에 없습니다. 기껏 식단을 조절해도 잠이 모자라면 호르몬의 힘이 의지력을 뛰어넘어 무심코 음식을 먹게 될 가능성이 있어요. 수면 부족 상태에서는 '푹 잤을 때보다 식욕이 25%나 증가'한다니 어쩔 수 없는 일입니다. 단지 잠을 덜 잤을 뿐인데 몸이 제멋대로 "한 그릇 더!"를 외친다고 생각하면 어쩐지 좀 무섭기도 하네요.

개인차는 있지만 '식욕 25% 증가'를 칼로리로 환산하면 1인당 하루에 350~500kcal를 평소보다 더 섭취한다는 계산이 나옵니다. 그저 잠이 부족할 뿐인데 밥을 두 공기(약 500kcal)나 더 먹는 셈이죠. 그렇다면 다이어트를 시작할 때 괴로운 식이조절이 아니라 숙면에 우선순위를 주어야 하지 않을까요?

TOPICS 035

잠을 못 자면 지방과 당이 당긴다

밤늦게까지 깨어 있으면 왠지 짭짤한 과자나 달콤한 간식이 먹고 싶어집니다. '잠이 부족할 때 꼭 라멘•이나 야키니쿠••처럼 간이 세고 기름진 음식이 당기는' 현상도 기분 탓이 아닙니다.

이번 장 첫머리에서 고백했다시피 숙면이 불가능하던 시기에는 저도 짠 과자와 단 디저트를 세트로 먹는 습관이 있었어요. 당시에는 '그만 먹고 싶은데 저절로 손이 가는' 상태라 매일 갈등하면서도 손에서 간식을 내려놓지 못했습니다.

실은 정크푸드처럼 달고 기름진 음식이 먹고 싶어지는 원인도 부적절한 수면 상태와 무관하지 않습니다.

MEMO • 라멘ラーメン: 일본의 면 요리. 육수에 면을 말고 고명을 얹은 음식. 육수의 종류와 맛, 면의 굵기, 고명에 따라 다양한 종류로 나뉜다. -역주

•• 야키니쿠焼肉: 일본의 고기구이. 생고기나 양념육을 불판 또는 석쇠에 올려 구우면서 먹는다. -역주

미국 펜실베이니아 대학에서는 8시간 수면한 그룹과 밤을 새운 그룹을 비교하는 연구를 실시했습니다. 그 결과 밤을 새운 그룹은 8시간 수면한 그룹에 비해 고지방·고칼로리 음식을 선택하는 경향을 보였다고 합니다.
미국 컬럼비아 대학에서도 비슷한 연구를 실시했습니다. 건강한 남녀 25명을 대상으로 건강식품과 정크푸드에 대한 뇌의 반응을 측정한 결과, 수면 부족 그룹은 그렇지 않은 그룹에 비해 정크푸드에 더 활발한 반응을 보였다고 합니다.

수면이 부족하면 당질과 지질에 대한 욕구가 몹시 높아지고, 호르몬의 영향까지 받아 '먹지 않고는 못 배기는' 상태가 됩니다. 냉철해야 할 판단력이 흐려져서 '그냥 먹지, 뭐!' 하고 욕망에 몸을 내맡기는 것이지요. 이때는 스트레스 반응마저 쉽게 나타나기 때문에 스트레스를 해소하려 폭음과 폭식을 반복하게 될 여지도 있습니다.

더구나 수면 부족 상태에서는 활동량이 떨어지다 보니

소비되지 못한 여분의 에너지가 지방으로 축적됩니다. 이런 날이 지속되면 몸의 군살도 점점 불어날 수밖에 없습니다.

'현재'의 수면 부족이 '미래'의 비만을 초래한다는 사실이 추적 연구로 밝혀진 이상 '나는 지금 날씬하니까 괜찮아.'라고 마음을 푹 놓았다가는 나중에 큰코다칠지도 모릅니다.

다이어트 성공의 기본은 숙면입니다. 잠을 잘 자기만 해도 식욕의 균형이 자연스럽게 바로잡혀서 스트레스 없이 식생활을 개선해 나갈 수 있습니다.

저도 과거에는 수면은 나 몰라라 하며 무리한 식이조절을 일삼았습니다. 식욕을 억제하느라 너무 스트레스를 받아서 '작심삼일→폭음·폭식→요요현상'의 과정을 반복했지요.

반복되는 요요현상으로 냉증이 심해지면 신진대사가 떨어져 한층 더 '살이 빠지기 힘든 체질'이 되고 맙니다. 피부 트러블이 많아지거나 월경이 멈출 가능성도 다분하고요. 완전히 악순환입니다.

"나도 모르게 군것질을 그만두었다!"

"나도 모르게 살이 빠졌다!"

이렇게 몸에도 마음에도 스트레스를 주지 않고 다이어트에 성공하려면 매일매일 '질 좋은 수면'을 꼭 취해야 합니다. 질 좋은 잠을 잘 수만 있다면 수면이 곧 최고의 다이어트니까요.

헛돈이 들고 괜한 스트레스까지 받는 다이어트는 오늘부로 끝냅시다. 내일부터는 수면 시간을 확보하는 일, 수면의 질을 높이는 일로 눈길을 돌려 보면 어떨까요?

TOPICS 036

대사를 높여서 살이 잘 빠지는 몸을 만든다

수면의 균형이 무너지면 호르몬 분비를 포함한 체내 환경이 흐트러져 몸의 신진대사가 저하됩니다. 우리 몸에서는 신진대사와 더불어 '에너지대사'가 이루어지는데, 인체의 에너지를 소비하는 에너지대사에는 크게 3가지가 있습니다. 바로 '기초대사', '활동대사', 'DIT diet induced thermogenesis'입니다. 이들 대사는 노화가 진행될수록 능률이 떨어집니다.

먼저 각각의 대사에 대해 간략히 설명하겠습니다.

활동대사는 걷기, 달리기 등으로 몸을 움직이거나 뇌를 사용할 때 이루어지는 에너지 소비를 가리킵니다. 전체 에너지 소비의 약 20~30%를 차지하지요. DIT는 먹은 음식물을 소화하거나 흡수할 때 이루어지는 에너지 소비로 전체 에너지 소비의 약 10%를 차지합니다.•

MEMO • 음식을 꼭꼭 씹어 먹기만 해도 에너지 소비량은 늘어난다. 가능하다면 한 입 먹을 때마다 30번씩 씹는 것이 좋다.

특히 주목해야 할 기초대사는 생명유지에 필요한 생리적 활동(호흡, 체온 유지, 내장 활동 등)을 통한 에너지 소비로 24시간 내내 가만있어도 이루어집니다. 기초대사로 소비되는 에너지는 전체 에너지 소비의 약 60~70%를 차지할 만큼 비중이 큽니다.

따라서 기초대사량이 얼마냐에 따라 '살이 찌고 빠지는' 폭이 크게 달라집니다. 기초대사가 높으면 소비되는 에너지양이 증가하므로 '살찌기 힘든 몸'이 되고, 기초대사가 낮으면 소비되는 에너지양이 감소하므로 '살이 빠지기 힘든 몸'이 되는 단순한 원리이지요.

기초대사를 높이는 열쇠는 '근육'입니다. 이 때문에 근육이 만들어지는 수면 시간과 몸에 근육을 붙이는 적절한 운동 습관, 근육의 재료가 되는 단백질 섭취가 중요합니다.

기초대사는 나이를 먹을수록 저하됩니다. '먹는 양을 줄여도 젊었을 때보다 살이 잘 빠지지 않는' 이유도 그래서예요. 수면 부족이 식욕을 증가시키듯이 기초대사의 저하는 살찌기 쉬운 몸을 만듭니다. 여기에 수면 부족까지 더해지면 '당'과 '지방'의 대사마저 악화되므로 상황은 더욱 심각해집니다.

몸의 순환이 정체되면 비만은 물론 다양한 부정수소 증상(권태감, 두통 등)이 야기됩니다.

나이에 끌려가기보다는 나이가 들수록 아름다워지는 여성을 꿈꾼다면 알맞은 수면을 취하고, 대사를 증진하는 생활에 유의합시다.

TOPICS 037

적당한 운동으로 '몸'에 피로를 불어넣는다

"운동을 하긴 해야 하는데 시간이 없다."
"운동하고 싶은 마음은 있지만 일하랴 살림하랴 피곤해서 체력이 남아나지 않는다."

혹시 공감하셨나요?

아름답고 탄탄한 몸을 건강하게 유지하기 위해서는 적당한 운동이 꼭 필요합니다. 더군다나 최근에는 '수면과 운동의 관계'에 대한 연구도 진전되어 일상적으로 운동하는 사람이 운동을 전혀 하지 않는 사람에 비해 숙면하는 경우가 많다는 사실이 밝혀졌습니다.

현대는 디지털 사회로 종일 컴퓨터 앞에서 일과 씨름하는 사람이 적지 않습니다. 이렇게 일을 하고 나면 머리는 풀가동 되어 피로에 찌들어도 몸은 피로를 느끼지 않는 '불균형한 상태'가 됩니다. 밤이 오거나 말거나 '머리는 멍한데 몸은 말짱해서 도통 잠들지 못하는' 상태가 되지요.

이 같은 사태를 방지하고, 긴장으로 경직된 몸과 마음

을 부드럽게 풀어 주는 방법이 '운동'입니다. 적당한 운동은 심신의 건강을 뒷받침할 뿐 아니라 숙면을 보조하는 역할도 합니다.

쾌적한 수면을 위한 운동은 '언제 하느냐'가 관건입니다. '어제 취침 시간을 기준으로 19시간 뒤'가 최적의 시간대이니, 이것을 참고하여 당신이 운동하기에 가장 적합한 시간대를 찾아봅시다. 예컨대 자정에 자는 사람이라면 '오후 7시가 운동의 황금시간대'인 셈입니다.

이 시간대는 '수면 금지 시간대forbidden zone'라고도 불립니다. 체온과 각성 수준이 최고로 높아서 자고 싶어도 잘 수가 없는 시간대이기 때문입니다. 이때 운동으로 체온을 더욱 끌어올려 두면 '체온의 낙차'가 커져서 몸이 훨씬 수월하게 잘 준비를 시작할 수 있습니다.

반대로 체온이 떨어지기 시작하는 오후 9시 이후에는 운동을 피하는 게 상책입니다. 이때 운동을 했다가는 일껏 휴식 모드에 들어선 몸이 갑자기 흥분 모드로 전환되어 '운동을 해서 피곤하기는 한데 이상하게 잠은 안 오는' 상태가 될지도 모릅니다.

TOPICS 038

귀차니스트를 위한 '하루 20분 운동'

최소한의 운동에는 특별한 도구와 환경이 필요하지 않습니다. 일상을 벗어나지 않는 수준에서 조금씩 실천해야 몸과 마음의 부담이 적고, 오래 지속할 수 있습니다.

저는 무산소운동과 유산소운동을 조합하여 딱 20분만 실시하는 운동법을 추천합니다. 스쿼트squat●나 복근운동처럼 약간 힘든 근육운동(=무산소운동)을 5분간 실시한 뒤 15분 걷기(=유산소운동)를 하는 방법입니다.

제가 직접 실천해 보고 '유달리 좋다'라고 느낀 무산소운동은 '슬로스쿼트slow squat'입니다. 운동시간은 앞에 쓴 대로 하루 5분이면 충분해요.

평상시에 운동을 안 하던 사람에게는 좀 버겁게 느껴질지도 모르지만 '아, 힘들다.' 싶은 그 느낌이 곧 근육을 사용하고 있다는 증거입니다.

슬로스쿼트를 하는 방법은 다음과 같습니다.

MEMO ● 외래어표기법상 '스쾃'으로 표기하는 것이 옳으나, 여기에서는 이해를 돕기 위해 일반적으로 많이 사용하는 '스쿼트'로 표기함. -편집자 주.

하루에 딱 5분이면 OK!

슬로스쿼트

1단계 발을 어깨너비보다 조금 넓게 벌리고 섭니다. 등은 구부리지 않고, 등줄기를 곧게 편 상태에서 가볍게 뒤로 젖힙니다.

2단계 천천히 호흡하면서 천천히 앉았다가 다시 천천히 일어납니다. 이것을 5분간 반복합니다.

슬로스쿼트의 장점은 전신이 아름다워지는 효과를 기대할 수 있다는 점입니다. 다리를 날씬하게 하고, 볼록한 아랫배를 집어넣고, 등의 군살을 빼고, 예쁜 가슴과 잘록한 허리를 만드는 등 여러 부위를 동시에 가꾸는 일이 가능합니다.

근육통을 예방하기 위해 운동의 종류 또는 부위를 바꾸는 것도 좋습니다. '오늘은 슬로스쿼트를 하고, 내일은 복근운동을 하고, 모레는 팔운동을 하자!'라는 식으로요. 그러면 '매일 똑같은 운동을 하는 건 지겨운' 사람도 즐겁게 운동을 계속할 수 있습니다.

유산소운동으로는 '한 정거장 걷기'를 추천합니다.

이름 그대로 한 정거장 거리를 걷는 단순한 운동입니다. 힘이 들어간 몸을 풀어서 이완시키는 효과도 있답니다.

거듭 말하지만 운동은 꾸준히 하는 게 제일 좋습니다. 일상생활을 벗어나지 않는 수준에서 조금씩 실천해야 몸과 마음의 부담이 적고, 오래 지속할 수 있습니다.

어디까지나 무리하지 않고 즐겁게 계속하는 것, 그것이 최우선입니다. 하루 20분 운동만으로 숙면이 손에 들어오는 경험을 꼭 해 보셨으면 좋겠습니다.

제 4 장

활기찬 낮을 위한 수면법

충분히 자고 개운하게 일어나면 모든 효율이 올라간다

안에서나 밖에서나 바쁜 나날을 보내는 여성들이 무수히 많습니다.

귀중한 낮 시간에 마음껏 활동할 수 있느냐 아니냐는 밤의 수면으로 결정됩니다.

충분히 자고 또 개운하게 일어나야 시작부터 최고로 좋은 하루가 되겠지요.

아침마다 일어나기가 힘들어서 '아침이 괴로워…….'라고 생각하는 분도 수면 개선을 통해 활기찬 하루를 보낼 수 있습니다.

POINT

☑ 낮을 위해 밤에 제대로 잔다.

☑ 수면의 질이 첫인상을 좌우한다.

☑ 아침 햇볕을 충분히 쬐어 다음번 수면을 예약한다.

☑ 일어나기 힘든 아침에는 '뜨거운 물로 샤워'한다.

☑ '세로토닌'을 늘려 의욕을 높인다.

LET'S STUDY >>>>> TOPICS 039-044

TOPICS 039

밤의 수면이 낮의 성과를 결정한다

일과 살림, 육아까지 하느라 바쁜 여성들은 단 1분조차 허비하지 않으려 매일 온 힘을 다해 달리고 있습니다. 이런 상황일수록 낮이라는 제한 시간 내에 최대치의 성과를 올리는 것이 좋겠지요.

아침 일찍부터 저녁까지 기운차게 달리려면 밤에는 확실하게 쉬어야 합니다. 몸을 한껏 웅크려야 더 높이 뛰어오를 수 있는 법이니까요.

그러기 위해서는 받아들여야 할 습관과 떠나보내야 할 습관이 있습니다. 다음 중 당신에게 해당되는 사항이 있는지 한번 체크해 보세요.

☑ 모임, 잔업, 인터넷 서핑 등의 이유로 항상 밤늦게까지 깨어 있다.

☑ 자기 직전까지 스마트폰이나 컴퓨터 또는 텔레비전을 본다.

☑ 밤마다 편의점에 간다.

☑ 소파를 비롯하여 잠자리가 아닌 곳에서 잠들곤 한다.

☑ 텔레비전이나 방의 불을 켜 놓은 채로 잠든다.

☑ 아침 식사를 챙겨 먹지 않는다.

이 중에 해당되는 사항이 있거나 '아침부터 계속 피곤하다.' 혹은 '낮에 무기력하다.'라고 느끼는 사람은 밤에 충분히 쉬지 못했을 가능성이 큽니다.

아침부터 활력이 떨어지면 몸은 물론이거니와 마음 상태까지 바닥을 치기 마련입니다. 생각 같아서는 일을 척척 해내고 싶은데, 몸이 나른하고 머리가 멍해서 도통 의욕이 솟아나지 않거든요.

비단 일뿐만이 아니라 어떤 상황에서나 마찬가지입니다. 꿈이 있고, 그 꿈을 향한 첫걸음을 내딛고 싶은 사람이라면 누구나 적잖은 활동력을 발휘해야 하니까요. 낮 동안 "그래, 해 보자!" 하고 움직일 수 있는 힘은 밤의 숙면에서 나옵니다. 잠이 원천이에요.

질 좋은 수면을 유지하고, 밝게 웃으며 최고의 성과를 내는 나날을 위해서 이번 장에서 소개하는 '활기찬 낮을 위한 수면법'을 몸에 익혀 나갑시다.

TOPICS 040

첫인상으로 기회를 잡는 사람이 된다

첫인상이 좋으면 일적으로나 사적으로나 대단히 유리합니다. 상대방에게 '이런 멋진 사람과 함께 일하고 싶다', '다시 만나서 천천히 대화해 보고 싶다.'라는 인상을 주기 때문입니다.

그렇다면 첫인상이 좋은 사람과 나쁜 사람을 가르는 기준은 무엇일까요?

"첫인상은 그 사람의 겉모습으로 결정된다."라고 제창한 사람은 미국의 심리학자 앨버트 메라비언Albert Mehrabian입니다.

앨버트 메라비언은 의사소통에 관한 연구를 실시하여 '말하는 사람의 어떤 요소가 상대방에게 영향을 미치는지' 세 가지로 나누어 수치화했습니다. 그 결과 '시각 정보'가 55%, '청각 정보'가 38%, '언어 정보'가 7%라는 결론이 도출되었는데 이를 일컬어 '메라비언의 법칙'이라고 부릅니다.

요컨대 '메라비언의 법칙'에 따르면 처음 만난 상대방의 인상을 결정짓는 요소는 반 이상이 '겉모습'입니다. 나머지는 대부분 '말투나 목소리'이고, '말의 내용'은 아주 약간이지요.

여기서 말하는 겉모습이란 패션, 화장, 헤어스타일에 국한되지 않습니다. '피부가 거칠어서 화장이 좀 떴다', '눈 밑에 다크서클이 있다', '눈이 충혈되어 빨갛다', '미간에 주름이 잡혀 있다', '표정이 그늘져서 피곤해 보인다', '안색이 나쁘다.' 등 자잘한 부분까지 겉모습 정보에 포함됩니다.

혹시 이중에 해당되는 점이 있거나 첫인상에 자신이 없다면 지금이 바로 '수면의 힘'을 빌릴 때입니다.

수면 부족은 상대방에게 부정적인 인상을 주는 갖가지 요소(거친 피부, 눈 밑 다크서클, 충혈된 눈, 주름, 그늘진 표정, 나쁜 안색 등)의 원인으로 작용합니다. 반대로 수면을 충분하게 취하면 부정적인 인상을 줄 가능성이 낮아집니다.

수면 부족이 첫인상을 좌우한다는 연구 결과는 이밖에도 더 있습니다. 2010년, 영국의 의학 학술지 『BMJ British Medical Journal』에 18~31세의 건강한 성인 23명을 대상으로 실시한 실험의 논문이 실렸습니다.

이 실험의 참가자는 1인당 두 장의 사진을 찍습니다. 한 장은 '8시간 이상 수면한 다음 날 오후 2~3시'에, 다른 한 장은 '5시간 수면과 밤샘을 연달아 한 다음 날 오후 2~3시'에 촬영하는 조건으로요.

이렇게 찍은 사진을 65명의 평가자에게 무작위로 6초

씩 보여줍니다. 그리고 '건강도' '피로도' '매력도' 등의 평가항목에 점수를 매기도록 했더니, 수면 부족 상태에서 찍은 사진은 건강도와 매력도의 득점이 낮은 반면 피로도의 득점은 높았습니다.

고작해야 하루 이틀 수면이 부족했을 뿐이지만 상대방에게 '건강하지 않은 사람', '매력이 없는 사람', '피곤한 사람'이라는 인상을 심어 준 것입니다.

첫인상이 나쁘면 사업, 결혼, 면접을 비롯한 여러 상황에서 큰 손해를 봅니다. 한번 각인된 인상을 만회하기란 좀처럼 쉽지가 않거든요. 여러분도 그런 경험이 있지 않나요?

초면에 안 좋은 인상으로 각인된 사람을 '신뢰할 수 있는 멋진 사람'이라고 다시 보게 되기는 상당히 어렵습니다. 꽤 드라마틱한 사건이 생기지 않는 한 말이죠.

'매력적인 사람'이라고 불릴 법한, 호감형 인상을 가진 사람은 피로를 다음 날로 넘기지 않습니다. '바쁘다는 이유'로 수면 시간을 줄이지 않고, 수면 시간부터 일정에 넣은 뒤 역산하여 나머지 일정을 짜는 시간 관리 방식이 몸에 배어 있지요.

첫인상은 만난 지 3~5초 만에 결정된다고 합니다.

그토록 짧은 순간에 상대방에게 좋은 인상을 주어 기

회를 붙잡으려면 무엇보다 평소 수면 습관을 돌볼 필요가 있습니다.

TOPICS 041

매일 아침 상쾌하게 일어나기 위한 습관

"알람을 듣고 잠에서 깨도 '더 자고 싶다'라고 생각한다."
"아침에는 기운이 나지 않고, 오전에는 계속 멍하다."

아침에 약한 사람들의 고민은 끝이 없습니다.

상쾌하게 일어나 곧장 활동하기 시작하려면 어떻게 해야 할까요? 당장 오늘부터라도 실천할 수 있는 사소한 요령 2가지를 소개할 테니 꼭 시도해 보세요.

취침하기 전에 커튼을 10cm쯤 걷어 둔다

잠자리에 들기 전, 딱 1초면 끝나는 '기분 좋게 일어날 준비'를 소개합니다. 커튼을 10cm쯤 열어 두거나 레이스 커튼을 사용하는 방법이에요.

포인트는 바깥이 밝아질수록 침실 내부도 자연스럽게 밝아지게 하는 것입니다. 이렇게 아침 햇빛을 이용하면 알람에 맞춰 억지로 기상할 때보다 훨씬 상쾌하게 눈이 떠집니다.

수면과 각성 리듬에 깊이 관여하는 '체내 시계'는 빛에 영

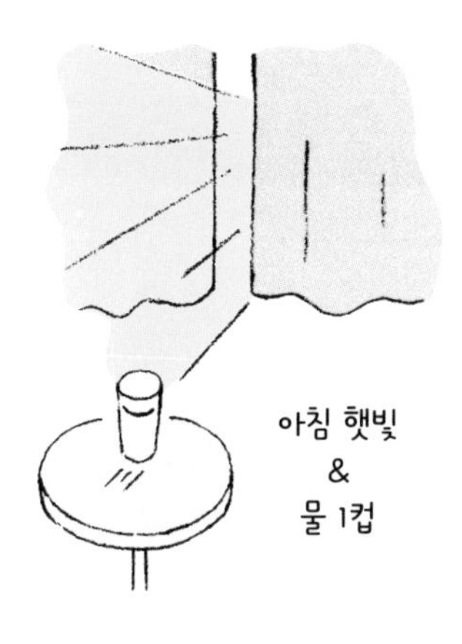

향을 받습니다.

우리 몸은 햇볕을 쬔 후 약 15시간이 지났을 때 졸음을 느끼게끔 되어 있어요. 아침 7시에 햇볕을 쬐었다면 밤 10시 이후에 잠이 쏟아지는 식입니다.

아침 햇볕을 쬐어 '아침이 왔다!'라는 사실을 몸에 알리면 수면을 촉진하는 멜라토닌의 분비가 억제되고, 약 15시간 뒤에 졸음이 찾아오도록 '예약 버튼'이 눌립니다. 게다가 낮에 기운을 불어넣는 세로토닌의 분비가 활성화되어 몸이 활동 모드로 전환됩니다.

해가 떠오를수록 침실이 밝아지도록 환경을 조성하고, 기상 후에는 창가에서 하늘을 올려다보는 것이야말로 야무지게 하루를 시작하는 두 가지 비결입니다.

현재 침실 창문에 달린 커튼이 레이스거나 햇빛이 비치는 소재라면 문제는 없습니다. 만약 암막 커튼을 사용하고 있더라도 걱정하지 마세요. 빛이 얼굴에 직접 닿지 않는 방향으로 커튼을 10cm쯤 걷어 두면 괜찮습니다.

"집에 빛이 잘 들지 않는다."

"기상시간이 일러서 일어나도 하늘이 어둡다."

"암막 커튼을 열어 놓으면 바깥 불빛 때문에 눈이 부시다."

위와 같은 경우에는 지정된 시간에 자동으로 커튼을 걷어 주는 제품이나 태양광만큼 조명도가 높은 빛으로 잠을 깨우는 '조명 알람시계'를 활용하면 좋습니다.

아침에 일어나자마자 물 1컵을 마신다

아예 세포 수준에서 힘차게 움직일 수 있는 비결도 있습니다.

최근에는 이미 보편화된 비결인데, 일어나자마자 '물 1컵을 마시는' 것입니다.

일어나자마자 물부터 마셔야 하는 이유는 몸이 갈증을 느끼고 있어서입니다. 자는 동안에는 물은커녕 수분이 함유된 음식도 먹지 못합니다. 하지만 땀을 흘린다든가 호흡을 하는 과정에서 몸속의 수분은 계속 배출됩니다.

수면 중에는 보통 물 1컵 분량의 땀을 흘린다고 합니다. 여름에는 땀 배출량이 더욱 증가하고요. 잠자는 동안 수분을 빼앗긴 몸은 메마른 사막과도 같습니다. 바싹 마른 대지에 '마법의 물 1컵'을 공급하여 촉촉하게 적셔 줍시다. 딱히 목이 마르지 않더라도 아침마다 물을 마시는 습관을 들여 주세요.

기상 직후에 마시는 물 1컵은 위장을 자극하여 '아침이 왔음'을 몸에 알려줄 뿐 아니라 디톡스 효과까지 있어서 독소 배출에 도움을 줍니다.

"스무디를 마시면 영양가도 있으니 완벽하겠지요?"

"커피를 마시는 습관이 있는데, 커피로 대신해도 될까요?"

강연회 자리에서 아침에 물을 마시자고 이야기하면 곧잘 이런 질문을 받습니다. 어느 쪽이건 제 대답은 "아니요."입니다. 몸에 순수한 물을 보충하는 일이 중요하니 먼저 물부터 마신 뒤 다른 음료를 섭취하도록 합시다.

커피, 홍차, 녹차와 같은 음료는 언뜻 몸을 깨우는 데 적합해 보이지만 물을 대신하지는 못합니다. 이뇨작용을 하는 카페인이 함유되어 있어서 몸에 필요한 수분과 필수 미네랄까지 배출시키기 때문입니다.

몸에 부담이 가지 않도록 '상온'의 물을 마시는 것도 요령입니다. 아무래도 더운 여름철에는 냉장고에서 꺼낸 시원한 물을 마시고 싶겠지만 찬물은 내장을 급속도로 냉각하여 몸의 기능을 저하시킬 우려가 있습니다.

참고로 저는 뜨거운 물과 상온의 물을 섞은 백비탕을 1컵 가득 마신답니다. 물을 먼저 마시고 나서 아침 식사하기. 이것이 잘 자면서 아름다워지기 위한 저만의 아침 일과입니다.

TOPICS 042

커피보다 정신이 번쩍 드는 '아침 샤워'

잠이 부족하거나 수면의 질이 낮아서 아침부터 피곤할 때는 아무리 기를 써도 몸과 마음이 뜻대로 움직여 주지 않습니다. 그럴 때는 억지로 컨디션을 끌어올리기보다 몸과 마음이 자연스럽게 활동 모드로 넘어갈 수 있는 환경을 만들어야 편하고 효율적입니다.

영 피곤한 아침에는 좀 뜨겁다 싶은 물로 샤워를 해 보세요.

도쿄가스 도시생활연구소에서도 아침에 샤워하는 습관이 피로회복에 효과적이라는 사실을 발표했습니다.

일어나서 '아무것도 하지 않는 사람', '커피를 마시는 사람', '샤워하는 사람'의 피로감을 비교해 봤더니 아무것도 하지 않은 사람에 비해 커피를 마신 사람이 2배쯤 더 피로가 풀린다는 사실이 밝혀졌습니다. 놀라운 점은 샤워하는 사람의 결과입니다. 아무것도 하지 않은 사람에 비해 무려 3배나 더 피로가 풀렸다고 해요.

'잠을 잤는데도 어제의 피로가 가시지 않아 일어나기

싫은' 아침에는 "으라차차!" 하고 기합을 넣어 샤워를 해 봅시다. 샤워한 뒤가 커피를 마신 뒤보다 더 개운하다니, 획기적이지 않나요?

아침 샤워의 핵심은 높은 물 온도입니다. 40~42℃ 정도의 약간 뜨거운 물을 3~5분간 온몸에 골고루 뿌려 주세요. 몸 전체가 자극을 받아서 교감신경이 쉽게 우위로 올라서고, 활동 모드의 스위치가 빠르게 켜집니다.

샤워기로 물을 뿌리는 데도 요령이 있습니다. 몸의 말단부인 손발부터 충분히 적신 다음 중심부인 배와 가슴으로 올라가며 적셔 주세요. 그래야 혈액 및 림프의 흐름이 촉진되어 몸도 마음도 뇌도 상쾌해집니다.

아침에 시간이 없는 사람도 기상 시간을 5분 앞당기는 정도는 그리 어렵지 않겠지요. 마법 같은 5분짜리 아침 샤워로 활기차게 하루를 시작해 봅시다.

TOPICS 043

숙면의 열쇠는 '아침 식사'가 쥐고 있다

'식욕이 없어서' 또는 '먹을 시간이 없어서' 아침 식사를 거르는 사람이 참 많습니다. 그렇지만 몸은 잠을 자면서 상상 이상의 에너지를 소비합니다. 자는 동안에도 뇌와 장기는 계속 활동하기 때문에 아침이면 '연료가 뚝 떨어지기 일보 직전'이 되지요. 에너지가 모자란 상태에서는 일을 하건 살림을 하건 육아를 하건 힘이 나지 않습니다.

더군다나 아침 식사는 '오늘 밤의 숙면'과도 직결되어 있어요. 낮에는 힘차게 움직이고, 밤에는 질 좋은 수면을 취하기 위해서도 아침을 꼭 챙겨 먹어야 합니다. 단, 아침 식사는 '먹는 시간'과 '식단'이 중요하니 더 자세히 살펴보겠습니다.

아침 식사를 먹는 시간

아침 식사 시간은 '기상 후 1시간 이내'가 적당합니다. 그때 먹어야 몸을 깨우는 자명종이 울리고, 체내 시계가 바로잡혀서 몸이 활동 모드로 바뀝니다.

'배가 고프지 않아서 아침을 건너뛰는' 사람은 아침 식사가 기다려지도록 먹고 싶은 음식을 전날 저녁에 미리 준비해 두는 것도 좋습니다. 아침을 먹는 습관이 생기면 신체 리듬이 바로잡히면서 자연스럽게 몸과 마음의 컨디션이 개선됩니다.

체내 시계와 배꼽시계가 그러하듯이 우리 몸속에는 시계가 존재합니다. 세포 하나하나에 존재하는 '시계유전자clock gene'가 일정한 리듬으로 째깍째깍 돌아가고 있기에 항상 비슷한 시간에 눈이 떠지고, 배고픔을 느끼는 것입니다.

시계유전자는 대단히 섬세해서 생활 습관이 무너지면 금세 망가집니다. 시계유전자의 잦은 고장은 건강을 해칠 뿐더러 노화의 원인이 되니 삼시 세끼는 규칙적으로 챙기는 편이 좋아요. 매일 식사 시간이 가급적 1시간 이상 변동되지 않도록 주의하면 시계유전자의 정확도를 높이는 데 도움이 됩니다.

아침 식사로 먹으면 좋은 음식

그럼 구체적으로 아침에 뭘 먹어야 종일 기운이 넘치고, 밤에 숙면할 수 있을까요?

키워드는 '단백질'입니다. 제3장에서 설명했다시피 세로토닌은 밤이 되면 수면을 촉진하는 멜라토닌으로 변하는데, 단백질에 함유된 '트립토판tryptophan'이라는 물질이 세로토닌의 원료가 됩니다.

트립토판을 함유한 고단백질 식품은 유제품, 달걀, 콩 가공식품, 붉은살생선을 비롯한 어패류, 육류, 아보카도, 바나나, 견과류입니다. 이것들을 균형 있게 섭취하는 것이 물론 이상적이지만 솔직히 '아침마다 정신없이 바쁜데 요리는 무슨……'이라는 생각이 들지 않나요?

그래서 저는 투명한 봉투 한 장이면 만들 수 있는 '주물럭주스'를 추천합니다. 불을 쓸 필요도 없고, 믹서 같은 도구를 갖출 필요도 없어요. 한입 크기로 자른 재료를 봉투에 담아 1분쯤 손으로 주무르면 영양이 듬뿍 담긴 신선한 주스가 완성됩니다.

주물럭주스의 주재료로는 바나나를 추천할게요. 세로토닌 합성에는 트립토판뿐 아니라 '비타민 B6'와 '탄수화물'이 필요하거든요. 바나나에 3가지 성분이 모두 함유되어 있으니 나머지 재료는 자유롭게 추가하면 됩니다. 마음에 드는 조합을 찾아 당신만의 주물럭주스를 만들어 보세요.

주물럭주스에 잘 어울리는 재료

두유/요구르트/마시는 요구르트

바나나/딸기/키위/아보카도/레몬즙 등

이를테면 '바나나 1개+딸기 3알'이라든가 '바나나 1개+키위 1개+아보카도 1/2개+레몬즙 약간'이라든가 각자 좋아하는 재료를 조합하여 봉투에 담고, 두유나 마시는 요구르트를 적당량 부은 뒤 손으로 주무릅니다. 이것을 유리컵에 옮겨 담으면 미용에 좋은 성분으로 꽉 찬 맛있는 아침주스 한 컵이 완성됩니다.

참고 **92쪽** 세로토닌과 멜라토닌

TOPICS 044

의욕을 높여 주는 '겸사겸사 리듬 타기'

"주말이 끝나면 또 한 주가 시작됐구나 싶어 우울해진다."
"해야 할 일이 산더미처럼 쌓였건만 도무지 의욕이 나지 않는다."

더없이 상쾌하게 일어났는데도 이찐지 무기력한 날이 있습니다. 이미 여러 번 언급했지만 세로토닌은 마음을 안정시키는 신경전달물질입니다.

세로토닌이 넉넉히 분비되어야 쌩쌩하게 활동할 수 있습니다. 반대로 세로토닌이 부족하면 의욕이 없고, 무기력하고, 불안하고, 초조하게 고민하는 일이 늘어납니다. 또 세로토닌은 밤이 되면 수면을 촉진하는 멜라토닌으로 변하기 때문에 낮에 세로토닌을 왕성하게 분비하는 것이 숙면의 비결이기도 합니다.

다시 말해 낮에는 '의욕을 높이고' 밤에는 '푹 자려면' 세로토닌 분비를 늘려야 합니다. 세로토닌은 일정한 리듬으로 반복되는 운동을 하면 증가하기 때문에 '걷기'가 효과적이라는 점은 앞에서 소개했습니다.

실은 낮에 세로토닌 분비를 증가시키는 요령이 또 있습니다. 격렬한 운동은 아니고 '겸사겸사 리듬 타기'라는 간단한 방법이에요. 다른 일을 하면서 겸사겸사 리드미컬하게 움직이기만 하면 됩니다. 일상생활에서 실천하는 정도면 충분하죠.

예를 들어 볼까요? 식사시간에 가능한 겸사겸사 리듬 타기는 '꼭꼭 씹기'입니다. "오물오물오물……" 하고 음식을 씹기만 해도 리듬이 생깁니다. 식사시간 외에도 겸사겸사 리듬을 탈 기회가 하루에 3번 있습니다. 아침, 점심, 저녁 양치시간에 "치카치카치카……" 하고 일정한 리듬으로 이를 닦아 주세요.

청소기 돌리기, 걸레질하기, 채소 다지기, 전철 기다리는 동안 호흡 가다듬기 등 일상생활에서 무심히 실시하는 행동으로도 얼마든지 몸에 리듬을 부여할 수가 있습니다.

우리가 무심결에 하는 행동들이 의욕을 높이고, 수면의 질을 향상시킨다니! 알기만 해도 이득이라는 생각이 들지 않나요?

일 잘하는 사람의 수면법

'자는 시간을 아껴서 일하는' 태도가 미덕이던 시대는 이미 끝났습니다.
지금은 '수면을 잘 관리하는' 것이 일종의 업무 능력이라고들 하지요.
수면 부족 상태에서는 왠지 모르게 일이 꼬이지 않던가요?
아마 많은 사람이 그런 느낌을 받아봤을 텐데, 거기에는 분명한 이유가 있습니다.
기회를 살려 좋은 성과로 연결하기 위해서도 잠을 우선순위에 둡시다.

POINT

☑ 능력자는 충분히 잔다.

☑ 잘 자면 5가지 능력이 향상된다.

☑ 최대의 헛수고인 '프레젠티즘presenteeism'을 그만둔다.

☑ 사무실에서는 의자요가와 낮잠으로 졸음에 대처한다.

☑ 근무시간이 불규칙하다면 '빛과 식사'의 도움을 받는다.

LET'S STUDY >>>>> TOPICS 045-054

TOPICS 045

일하는 사람에게는 수면도 업무 능력이다

언제나 옳은 판단을 하고, 확실하게 성과를 내는 사람. 의사소통 능력이 뛰어나 일사천리로 일을 해치우는 사람. 이른바 '능력자'들은 수면을 중요하게 여깁니다. 잠을 희생하며 무리해 봤자 효율이 뛰어나지 않다는 점을 알기 때문입니다.

일에 집중하지 못한 채 시간만 질질 끌다가 들인 시간에 비해 진척이 없거나 불만족스러운 결과를 얻을 바에야 "오늘은 푹 자고, 내일 다시 분발하자!"라고 일단락 짓는 편이 낫다는 사실을 알고 있지요.

잠을 희생하면 능률이 떨어진다는 점은 과학적으로도 증명된 사실입니다. 일어난 지 17시간 이상 경과하면 과제에 대응하는 능력이 혈중알코올농도 0.05%의 '음주운전' 상태와 동일한 수준까지 떨어진다는 보고가 있습니다.

근로자가 하루에 17시간 이상 깨어 있는 것은 그리 이상한 일이 아닙니다. 다만 아침 6시에 일어나서 밤 11시까지 일을 한다면 그것은 술을 마시고 일하는 것이나 다름없습니다. 거나하게 취해서 일을 하려니 평상시보다 사고력과 판단력이 떨어질 수밖에 없고, 간단한 작업에서도 실수할 가능성이 높아집니다. 이런 상태로 귀갓길에 차를 운전하는 행위 또한 매우 위험해요.

수면 시간이 5시간에 못 미치는 날이 계속되면 추하이• 를 2~3잔 마셨을 때와 비슷한 수준으로 뇌 기능이 저하된다는 보고도 있습니다.

잠을 줄이고 일한 결과가 술을 마시고 일한 결과만큼 효율이 나쁘다면 무슨 의미가 있을까요?

수면이 부족하면 생산성이 떨어져서 결과가 예상대로 나오지 않습니다. 자칫 실수라도 했다가는 다음날 만회하느라 시간이 더 들고, 괜히 마음까지 초조해져 직장 내 인간관계를 해칠지도 모릅니다. 여기에 피로와 두통 같은 컨디션 저하까지 동반되니 정말이지 좋을 게 하나도 없어요.

백해무익한 수면 부족은 오늘 밤부터 고칠 필요가 있습니다.

MEMO • 추하이酎ハイ: 증류주에 탄산음료를 섞어 만든 저알코올 음료. -역주

TOPICS 046

숙면으로 '5가지 능력'을 끌어올린다

생활 환경이 엇비슷한데도 늘 여유롭고, 침착하고, 해야 할 일을 똑 부러지게 소화하는 그런 여성이 당신 주변에도 있지 않나요?

물 흐르듯 주위에 융화되는 유연함과 자신의 생활 방식을 지키는 강직함을 겸비한 이 시대의 능력자들은 모두 '스스로를 보살피는' 방식으로 삶의 균형을 잡고 있습니다. 심신에 휴식을 주는 일이야말로 성과를 높이고, 마음을 안정시킨다는 사실을 잘 아니까요.

앞서 언급한 '수면 부족 상태로 일하면 취한 상태로 일하는 셈'이라는 지적 외에도 '수면에 불만이 있는 사람은 없는 사람에 비해 연수입이 적다'라는 조사 결과가 있습니다.

꼬리에 꼬리를 무는 일 더미, 주위의 압박, 경쟁사회 등 잔혹한 환경에서 일하는 여성들은 이미 운동선수라고 해도 과언이 아닙니다.

그 정도로 강인한 정신력과 체력이 요구되는 만큼 올바른 수면으로 에너지를 완전히 채우고, 다친 부위를 살뜰하게 보살펴야 합니다.

하루쯤 밤을 새웠다고 당장 심신이 망가지지는 않습니다. 그러나 뇌에는 바로 악영향을 미치기 때문에 다음 날 생산성이 크게 떨어집니다.

지금까지 실시된 많은 연구에서 수면은 '능률을 끌어올리는 5가지 능력'에 영향을 준다는 사실이 밝혀졌습니다. 일하는 사람이라면 누구에게나 필요한 '잘 자면 향상되는 5가지 능력'에 대해 설명하겠습니다.

1. 집중력

4시간 수면이 1주간 지속되면 하룻밤을 새웠을 때와 동일한 수준까지 인지기능이 떨어진다고 합니다. 4시간 수면이 2주간 지속되면 만 이틀을 새운 수준으로 떨어지고요. 6시간 수면도 2주간 지속되면 만 하루를 새웠을 때와 동일한 수준까지 뇌 활동이 저하되므로 집중력 하락은 불가피합니다.

업무를 하다 보면 집중력을 최대로 발휘하고 싶은 중요한 날이 종종 찾아옵니다. 평소부터 수면의 질을 높여야 뇌가 빠릿빠릿하게 움직여서 집중력이 향상됩니다.

2. 의사소통 능력

수면 부족으로 괜한 사람에게 화풀이를 하거나 사소한 말 한마디에 큰 충격을 받은 적은 없나요? 알맞은 수면을 취하지 못하면 정서가 불안정해지기 쉽고, 협조심과 배려심이 빠르게 바닥납니다. 이렇게 메마른 마음으로 다른 사람과 접촉하면 언어가 뾰족해져서 인간관계에도 균열이 생기기 마련이고요.

의사소통 능력은 서로 신뢰할 수 있는 인간관계를 구축하는 데 기본이 됩니다. 알맞은 수면으로 마음의 안정을 유지합시다.

3. 판단력

인생은 선택의 연속입니다. 공석에서건 사석에서건 얼마나 정확하게 판단을 내리느냐에 따라 일의 진행 방향은 크게 달라지지요. 그런데 수면 부족 상태에서는 냉정한 판단이 불가능합니다. 예를 들면 밤늦은 시간에 뇌가 피로한 상태로 홈쇼핑 방송을 보거나 인터넷 쇼핑을 하면 불필요한 물건을 충동구매할 확률이 높아진다고 해요. 사소한 선택부터 중요한 선택까지 늘 최선의 판단을 내릴 수 있도록 충분한 수면을 취합시다.

4. 주의력

'뭘 하려다가 깜빡하는 일'이 잦아졌다거나 '순간적인 실수'가 늘었다면 주의력이 떨어졌을 수도 있습니다. 숙면하지 못하면 전날의 피로가 다음 날까지 이어지고, 피로해진 뇌는 제 기능을 다하지 못합니다. 그 바람에 돌이킬 수 없는 실패를 겪게 된 사례도 있어요. 작은 실수가 큰 사고로 이어지기 전에 숙면으로 뇌를 푹 쉬게 해 줍시다.

5. 창의력

창의력은 새로운 무언가를 창조하거나 아이디어를 떠올릴 때 필요한 능력입니다. 적절한 수면이 창의력을 높인다는 사실은 세계적으로 유명한 과학지인 『네이처Nature』에도 보고된 바 있지요. '번뜩이는 창의력'은 질 좋은 수면이 주는 선물입니다. 자기가 '하고 싶은 일을 할 수 있는 가능성'을 키우기 위해서도 수면의 질을 높일 필요가 있답니다.

TOPICS 047

시간이 아까운 '프레젠티즘'을 그만둔다

실수는 누구나 저지를 수 있지만 실수가 반복되면 주위에 폐를 끼치고, 나쁜 평가를 받게 됩니다.

그냥 거두절미하고 말씀드릴게요. '불면으로 인한 노동 손실이 1인당 연간 11.3일'이라고 합니다. 잠을 못 자면 1년에 11.3일을 멀쩡하게 일하지 못한다는 뜻입니다.

위와 같은 사고방식의 기본이 되는 개념이 '앱센티즘absenteeism'●과 '프레젠티즘presenteeism'입니다.

앱센티즘이란 전반적인 건강문제로 인한 '결근'을 가리킵니다. 높은 성과를 올리며 일하기 위해서는 무엇보다 '몸'이 중요한 자산인데, 컨디션 저조로 지각·조퇴·결근이 발생하는 상태를 일컫는 말이지요. 빈번한 앱센티즘은 함께 일하는 동료의 의욕에도 영향을 미칩니다.

그렇다고 무조건 출근하는 것이 능사는 아닙니다.

앱센티즘의 대의어로 프레젠티즘이라는 말이 있습니다. 프레젠티즘이란 출근은 했지만 노동자로서 제대로 된 업무가 불가능한 상태를 가리킵니다. 수면이 부족한 경우에도 이런 상황이 발생할 수 있어요. 회사에는 나왔지만 졸린 나머지 작업이 지지부진하고, 자꾸 실수를 저질러서 "차라리 쉬지. 그게 더 도움이 됐겠다!"라는 소리까지 듣게 됩니다.

최근에는 앱센티즘보다 프레젠티즘이 더 큰 문제로 떠올랐습니다. 프레젠티즘이 회사 입장에서는 '쓸데없는 비용'이자 '위험 요소'이기 때문입니다. 인건비가 들고, 유급휴가도 쓰지 않으니까요. 실제로 미국에서는 프레젠티즘이 기업에 가져오는 손실이 앱센티즘이 가져오는 손실이나 의료비보다 더 크다는 보고도 나왔습니다.

돈과 시간을 헛되이 소비하고 싶지 않다면 매일 수면 시간을 착실히 확보하고, 때로는 휴가를 받으세요. 늘어지게 쉬고서 다시 일에 집중하는 방식이 얼마나 좋은지 알게 될 것입니다. 자기 자신을 위해서도, 주변 사람과 회사를 위해서도 말입니다.

MEMO ● '앱센트absent'는 결석한 상태를, '프레젠트present'는 출석한 상태를 가리키는 말이다.

TOPICS 048

사무실에서 졸음을 물리치는 '의자요가'

해야 할 일이 산더미건만 졸린 나머지 의욕이 생기지 않고, 이것도 저것도 전부 귀찮아서 집중이 불가능했던 적이 있나요?

원래 그런 경우에는 잠을 자서 심신에 휴식을 주는 방법이 최선입니다. 그렇지만 현실적으로 여의치 않을 때가 많습니다.

졸려서 멍한 머리와 몸을 환기하는 방법으로 의자에 앉은 채 실시하는 '의자요가' 두 가지를 추천합니다. 시간과 장소의 구애 없이 사무실에서도 간단하게 실시할 수 있어요.

의자요가는 평소에 잘 쓰지 않는 근육과 기능을 활용하여 몸에 신선한 자극을 주고, 기분 전환에도 도움이 됩니다. 등부터 허리까지 긴장한 근육을 쭉쭉 풀어 주세요. 정지된 사고회로의 스위치가 켜집니다.

의자요가

의자요가 '몸동작'

1단계

등줄기를 곧게 펴고, 의자에 깊숙이 앉습니다. 가볍게 눈을 감은 상태에서 느리고 깊은 호흡을 반복합니다.

2단계

숨을 천천히 들이쉬면서 골반을 앞으로 빼고, 동시에 배를 쑥 내밀어 등을 뒤로 젖힙니다.

3단계

숨을 천천히 내쉬면서 골반을 뒤로 빼고, 등을 구부립니다. 2단계와 3단계를 각각 3회씩 반복합니다.

의자요가 '숨쉬기'

1단계

의자에 걸터앉습니다. 양손을 뒤로 돌려서 의자 모서리를 잡습니다.

2단계

팔꿈치를 가볍게 굽히고, 숨을 천천히 들이쉬면서 가슴을 활짝 폅니다.

TOPICS 049

낮잠의 4가지 장점

오후 회의 시간이나 작업 시간에 꾸벅꾸벅 졸아 본 경험, 다들 있지 않나요?

오후에는 왜 졸릴까요? 점심 식사로 배가 차면 각성작용을 하는 '오렉신orexin'의 분비가 줄어듭니다. 설상가상 오후 2~3시쯤에는 체내 시계가 심부 체온을 일시적으로 떨어뜨려 각성 수준을 낮아지게 만들지요.

자꾸 졸음이 쏟아지는 오후에는 '낮잠 자기'를 추천할게요.

세상에, 낮잠이라니! '농땡이를 피운다고 오해받을 텐데.'라거나 '시간이 없어서 안 될 텐데.'라는 생각이 들지도 모르겠습니다. 하지만 계속 졸음을 참으며 일하기보다는 낮잠을 바짝 자고 일어나는 편이 효율 면에서 월등히 뛰어납니다.

낮잠의 장점을 구체적으로 소개하겠습니다.

수면 부족 해소

낮잠은 평소의 수면 부족을 단시간 내에 해소하는 유일한 방법입니다. 쌓이고 쌓인 '수면 부채'●를 체내 시계의 교란 없이 조금씩 변상해 주는 믿음직한 아군이지요.

뇌의 피로회복

낮잠은 피로해진 뇌를 진정시키는 효과가 있습니다. 잠기운이 가시고 나면 '적절한 자기평가'가 가능해져서 심리적인 부담도 줄어든다고 하네요.

삶의 질 향상

미국에서는 낮잠을 '파워 냅power nap'이라고 부르며, 뇌와 몸을 북돋우는 업무 기술로 폭넓게 받아들이고 있습니다. 낮잠은 생산성과 '삶의 질QOL, quality of life, 삶의 질'의 향상으로까지 이어지기 때문에 구글, 나이키, 브리티시 에어웨이즈British Airways 같은 유수의 기업에서도 낮잠을 도입하기 시작했다고 합니다.

MEMO ● 수면 부채睡眠負債, sleep debt: 빚이 쌓이듯 수면 부족이 누적된 상태. 건강에 악영향을 미친다. -역주

심장병과 인지장애증 위험을 줄인다

그리스의 성인을 대상으로 실시한 조사에서 '짧은 낮잠을 일주일에 3회 이상' 잘 경우 심장병으로 사망할 위험이 37%나 감소한다는 점이 밝혀졌습니다. 낮잠이 혈압을 낮춘다는 점도 이미 증명된 바 있으니 질병을 예방하는 차원에서도 낮잠은 귀한 습관입니다. 낮잠을 30분 이상 자면 인지장애증(치매)의 발생위험이 5분의 1 이하로 줄어든다는 보고도 있습니다.

TOPICS 050

올바른 낮잠으로 쌩쌩한 오후를

사무실에서 낮잠을 자는 방법은 간단합니다. 의자 등받이에 등을 기댄 채 눈을 감기만 하면 끝이에요. 만약 근처에 벽이 있다면 머리를 벽에 딱 붙이세요. 그러면 더 편합니다. 잠든 얼굴을 다른 사람에게 보이는 것이 민망할 때는 마스크나 안대를 활용합시다.

낮잠을 자는 일에 죄책감을 느낄 필요는 전혀 없습니다. 오후의 능률을 높이기 위해 전략적으로 선택한 업무기술이니까요. 단, 낮잠의 효과를 얻기 위해서 반드시 지켜야 할 세 가지 규칙이 있습니다.

낮잠은 '오후 3시'까지

낮잠은 점심 식사를 마친 뒤부터 오후 3시 사이에 자야 합니다. 오후 3시를 넘겨 버리면 그날 밤 수면에 악영향을 끼칩니다.

낮잠 시간은 길어도 '20분'까지

아무리 잠이 부족해도 낮잠 시간은 15분에서 20분이 알맞습니다. 오래 자면 낮잠의 건강 효과를 얻지 못할뿐더러 아예 숙면이 시작되어 잠을 깨기가 힘들어집니다. 잠에서 깬 뒤에도 얼마간 비몽사몽을 벗어나지 못해 업무로 복귀하는 데 시간이 걸리고요. 낮잠을 잘 때는 20분 뒤로 알람을 맞춰 둡시다.

낮잠 전에는 '진한 차'나 '커피'를 마신다

차, 커피, 초콜릿 등에 함유된 카페인은 섭취한 지 30분쯤 지나면 각성효과가 나타나고 그대로 4~5시간가량 지속됩니다. 따라서 점심 식사 후에 커피를 마셔 두면 낮잠에서 깰 때쯤 카페인이 듣기 시작하여 각성이 촉진됩니다. 그럼 이어지는 오후 작업도 효율적으로 진행할 수 있겠지요.

껌을 씹거나 주전부리를 입에 넣으며 졸음과 싸우지 말고 차라리 낮잠을 잡시다. 미리미리 잠에 투자하면 건강과 생산성의 수준이 압도적으로 높아진답니다.

TOPICS 051

야근하는 날은 '나눠서 먹기'가 기본

'식사와 수면' 문제로 고민하는 직장인 여성에게 평소 저녁 식사 시간을 물어보면 대부분 빨라야 밤 9시이고, 늦게는 밤 11시 이후인 사람도 있습니다. "야근을 하면 잠자기 직전 말고는 먹을 시간이 없다."라는 사정은 이해하고도 남지만 그래서야 '석식'이 아닌 '야식'이 되고 맙니다.

'자기 직전에 저녁 식사를 하면 안 되는' 이유는 무엇일까요?

사실 식사와 수면은 서로 긴밀한 관계를 맺고 있습니다. 우리가 순조롭게 수면에 들어갈 때는 심부 체온이 서서히 떨어지고, 부교감신경의 스위치가 올라가 온몸이 이완 모드로 전환됩니다. 그런데 식사를 하면 위장을 포함한 소화기관이 활발해져서 심부 체온이 떨어지다 말고 다시 상승하기 때문에 좋은 수면을 취하기가 어려워집니다.

다이어트를 신경 쓰는 사람이라면 야식이 '비만유전자'를 자극할 가능성이 있다는 점도 유의해야 합니다. 섭취한 당질을 지방으로 바꾸는 'BMAL1'이라는 비만유전자는 저녁 6시부터 작용하기 시작하여 밤 10시에서 새벽 2시 사이에 가장 왕성해집니다. 요컨대 동일한 양, 동일한 칼로리의 음식이라도 이 시간대에 먹으면 지방으로 변하기가 쉽다는 뜻입니다.

그렇다고는 하나 공복이 지나치면 오히려 교감신경이 우위를 차지하여 잠이 싹 달아납니다. 저녁 식사가 늦어질 경우에는 저녁을 '2회로 나눠서 먹는' 방법을 이용해 보세요.

먼저 저녁 6시쯤 1차 저녁 식사로 주먹밥처럼 위에 머무르는 음식을 섭취하여 배와 마음을 채우고, 귀가 후에는 2차로 수프나 샐러드처럼 위에 부담을 주지 않는 건강한 음식을 섭취하면 됩니다.

저녁 식사를 나눠 먹으면 '취침 직전의 과식'과 '공복'이 모두 방지되어 심신이 안정된 상태에서 편안하게 숙면에 들 수 있습니다.

위에 부담을 주지 않고, 미용에도 좋아서 2차 저녁 식사로 안성맞춤인 간단한 요리를 소개하겠습니다. 몸과 마음을 든든하게 채워 숙면을 도와주는 성분이 듬뿍 들었으니 꼭 한번 만들어 보세요.

향긋한 셀러리피클

재료 | 셀러리, 레몬즙, 소금, 파슬리

재료

- 셀러리 …… 1대
- 레몬즙 …… 약 1큰술
- 소금 ……… 한 꼬집
- 파슬리 …… 적당량

만드는 법

① 샐러리를 깨끗이 씻어 질긴 심 부분을 제거하고, 1cm 간격으로 어슷썰기 한다.

② 자른 샐러리를 투명한 봉투에 담는다. 레몬즙, 소금, 다진 파슬리를 추가하여 봉투째 조물조물 버무린다.

③ 냉장고에 30분간 넣어 둔다.

POINT
- 보관은 냉장고에서 3일까지 가능합니다.
- 파슬리는 향기가 좋고 비타민C가 풍부한 생파슬리를 추천할게요! 남으면 냉동실에 보관하다가 필요할 때 꺼내서 다양한 요리에 활용할 수 있습니다.

호두&치즈 낫토

재료 | 낫토, 호두, 가공치즈, 아마씨유, 간장

재료

- 낫토 ……… 1팩
- 호두 ……… 2알
- 가공치즈 … 1개
- 아마씨유 … 1작은술
- 간장 ……… 1작은술

만드는 법

① 호두는 잘게 부수고, 치즈는 1cm 크기로 깍둑썰기 한다.

② 낫토에 아마씨유와 간장을 뿌려 잘 섞은 뒤 ①을 추가하여 재차 섞는다.

POINT
- 잔멸치를 넣으면 더 맛있어요.
- 아마씨유가 없으면 생략해도 괜찮습니다.

TOPICS 052

야근과 잔업은 '빛과 식사'로 조절한다

"주야간 교대 근무라 근무 시간이 일정하지 않아 규칙적인 수면이 불가능합니다."
"가끔 새벽까지 일하는 날도 있어서요. 늦게 출근할 수 있어 괜찮지만 어쩐지 늘 잠이 부족합니다."

세상이 편리해질수록 이런 고민을 토로하는 사람이 늘고 있습니다. 세상의 편리함을 떠받쳐 주는 사람들이 있기에 우리는 매일 쾌적한 생활을 영위하고 있습니다. 그 노고에 감사하는 마음을 잊어서는 안 됩니다.

위에서 이야기한 대로 교대 근무를 하거나 심야까지 일하는 사람은 잠 때문에 고민스러울 수밖에 없습니다. '아침에 귀가해서 자려고 누워도 통 잠이 오지 않는다'거나 '길게 잠들지 못한다'거나 '잠들어도 중간에 몇 번씩 깨는' 문제를 겪는 사람이 있습니다.

이처럼 수면이 불규칙한 상황에서 수면의 질을 높이는 비결은 '체내 시계 조절'입니다. 체내 시계 조절의 핵심인 '빛'

과 '식사'에 대해 알아봅시다.

'빛'으로 체내 시계를 조절한다

밤샘 근무를 한 날에는 되도록 빛을 피해서 귀가하세요. 직사광선이 닿는 장소나 가게에 들르는 일도 삼가는 편이 낫습니다. 모자, 선글라스, 양산을 적극적으로 활용하세요. 아침 햇볕을 쬐면 몸이 활동 모드로 전환되어 잠자리에 누워도 쉽게 잠들지 못합니다. 몸이 '아침'을 느끼지 못하도록 집에 도착할 때까지 빛을 멀리해야 합니다.

집에 돌아와 취침할 때는 암막 커튼, 안대, 귀마개를 활용해보세요. '밤'처럼 캄캄한 환경을 조성하면 잠들기가 수월해집니다.

'식사'로 체내 시계를 조절한다

야근하고 돌아오면 밥 먹을 힘조차 없다는 사람도 있는데,

몸의 리듬을 어지럽히지 않으려면 '아침 식사'를 대신할 만한 음식을 취침 전에 먹어야 합니다. 소화기관에 부담을 주어서는 안 되니 빵 같은 음식보다는 삶은 달걀이나 요구르트, 바나나, 수프●를 추천할게요. 출근하기 전에 준비해 두면 귀가하자마자 먹을 수 있습니다.

MEMO ● 단백질을 섭취할 수 있는 '달걀수프'나 '닭가슴살수프'를 추천!

TOPICS 053

업무 메일은 '밤 10시까지'만 확인한다

스마트폰과 컴퓨터는 언제 어디서나 일할 수 있게 도와주는 편리한 도구이지만 마음 편한 숙면을 가로막는 방해꾼이기도 합니다. 최근에는 시도 때도 없이 업무에 관한 메일이 도착해서 자기 직전까지 메일 응대에 쫓기는 사람도 적지 않습니다.

모쪼록 스마트폰과 컴퓨터를 사용하는 '시간대'에 유의하세요. 잠들기 직전에 업무 메일을 읽으면 에스프레소를 2잔 마셨을 때와 같은 수준으로 뇌가 각성된다고 합니다. 이래서야 애써 잘 준비를 마쳐 봤자 아무 소용이 없습니다.

근무 방식에 관련된 부분은 개선하고 싶어도 뜻대로 되지 않는 경우가 허다합니다. 그럴수록 직접 통제할 수 있는 범위에서나마 의식적으로 수면의 질을 높일 궁리를 해야 합니다. '일을 잘하려면 잠도 잘 자야' 한다는 점을 마음에 새겨 둡시다.

저는 밤 10시 이후에는 절대로 업무 메일을 보지 않습니다.

밤 10시부터 아침까지 메일 수신음이 울리지 않도록 아예 스마트폰에 '휴식 모드'를 설정해 두었지요.

제가 이렇게 하는 이유는 두 가지입니다. 첫째는 밤에 쓴 메일이 자칫 인간관계를 망칠 가능성이 크기 때문입니다. 온종일 일을 계속한 뇌는 밤이 되면 현저하게 피로해집니다. 그만큼 냉정한 판단을 내리기가 힘들어서 자못 감정적인 답장을 쓸 여지가 많아요. 다음날 아침에 다시 읽고는 땅을 치며 후회하게 될지도 모릅니다.

둘째는 제2장에서 설명했다시피 디지털 기기 화면에서 발산되는 블루라이트가 원활한 수면을 저해하기 때문입니다. 밤 10시 이후에 보내는 답장은 당신뿐만 아니라 받는 사람의 수면도 방해한다는 점을 명심하세요.

메일은 쭉 기록으로 남는 의사소통 수단이라 충분한 배려가 필요합니다. 숙면도 인간관계도 놓치지 않도록 메일 답장은 일단 하룻밤 숙성시킨 뒤 다음날 머리가 맑아지면 전송합시다.

참고 **56쪽** 수면오감 중 '시각'

TOPICS 054

술은 '취침 2시간 전'까지만 마신다

스트레스가 쌓였을 때는 어떻게 해소하시나요?

아마 운동으로 몸을 움직이는 사람도 있고, 친한 친구와 맛있는 음식을 먹으러 가는 사람도 있을 것입니다. 다음 장에서 이야기하겠지만 '즐거운 시간 보내기'는 누적된 스트레스를 해소하여 마음을 건강하게 해 줍니다.

반면 '술 마시기'는 조심해야 할 스트레스 해소법입니다.

실제로 술에는 스트레스를 완화하고, 혈액순환을 촉진하며, 수면을 유도하는 기능이 있습니다. 그렇지만 그건 어디까지나 일시적인 작용에 불과해요. 취침하기 직전에 술을 마시면 다음과 같이 수면의 질이 뚝 떨어집니다.

잠이 얕아진다

이뇨작용이 일어나 화장실에 가고 싶어집니다. 거기에다 혈중알코올농도가 떨어지면 몸은 바로 각성 상태가 됩니다. 한번 잠에서 깨면 그때부터 다시 잠들지 못하는 경우도 있습니다.

'회복력'이 약해진다

알코올은 자는 동안 간으로 옮겨져 분해됩니다. 쉬어야 할 장기가 알코올을 분해하는 데 에너지를 쓰느라 쉬지 못해 본래 기능인 '건강을 유지하는 힘'이 약해집니다.

피로가 잘 풀리지 않는다

수면 후반부에 중도각성•과 조조각성••이 일어나 얕은 수면의 원인이 됩니다. 결국 전반적인 수면의 질이 떨어지고, 만성피로와 부종으로까지 이어집니다.

가장 무서운 상황은 자기 전에 습관적으로 술을 마시는 '나이트캡nightcap'입니다. 처음에는 '잠이 안 와서 마시

MEMO • 중도각성中途覚醒: 수면 도중에 여러 번 잠이 깨고, 한번 깨면 좀처럼 다시 잠들지 못하는 상태. -역주

•• 조조각성早朝覚醒: 원하는 기상시간보다 2시간 이상 일찍 잠에서 깨는 상태. -역주

기 시작'했을지 몰라도 나중에는 '마시지 않으면 잠이 안 오는' 상태가 되어 알코올사용장애•를 유발합니다.

'잠자리에 들기 2시간 전'까지는 가급적 음주를 끝내세요. 갑자기 중단하기가 여의치 않은 상황이라면 무알코올 음료로 대체하는 방법도 있습니다. 별것 아닌 요령이지만 꼭 기억해서 건강하게 술을 즐기고, 숙면을 취합시다.

MEMO • 알코올사용장애: 과도한 음주로 인해 정신적, 신체적, 사회적 기능에 장애가 생기는 질환. -편집자 주

제 5 장

마음을 지키는 수면법

마음도 잘 쉬고 있나요?

사소한 일로 울적해진다거나 왠지 무기력한가요?
그것은 마음이 약해졌다는 신호입니다.
마음의 에너지가 떨어졌을 때는 얼른 쉬어서 마음을 회복시킬 필요가 있어요.
수면은 지친 마음을 치유하고, 매일 솟아나는 다양한 '감정'을 정리해 주는 귀중한 휴식입니다.
걱정과 불안이 부드럽게 누그러지도록 숙면으로 마음을 보살핍시다.

POINT

- ☑ 마음의 피로는 자문자답으로 확인한다.
- ☑ 백해무익한 한밤의 '나홀로 반성회'는 그만둔다.
- ☑ 스트레스 해소법을 다양하게 마련해 둔다.
- ☑ 스케줄을 작성할 때는 '나를 치유하는 일정'부터 써 넣는다.
- ☑ '나만의 수면 세리머니'를 만든다.

LET'S STUDY >>>>> TOPICS 055-061

TOPICS 055

마음이 후련해지는 수면법

'슬픈 일이 있었는데 하룻밤 자고 일어났더니 후련해진' 경험이 있나요?

우리는 하루 종일 오만 가지 감정에 휩싸인 채 생활합니다. 모든 감정을 입 밖에 내지는 않지만 마음속에서는 자꾸자꾸 감정이 생기니까요. 긍정적인 감정은 물론 걱정이며 불안, 초조함 같은 부정적인 감정까지 온갖 종류의 감정이 퐁퐁 솟아납니다.

그 수많은 감정을 착착 정리해 주는 구세주가 바로 수면입니다.

수면은 몸과 뇌의 피로를 해소하고, 입수한 정보를 처리하는 역할만 수행하는 것이 아닙니다. 아침에 일어나 다시 잠들 때까지 우리 마음속에 생긴 다양한 감정을 말끔하게 정리해서 마음의 건강을 지켜 주는 작용도 합니다.

잠을 제대로 자지 못하면 사람이 사람답게 살도록 하는 뇌 부위의 활동이 둔해집니다. 그러면 '의지와 의욕이 사라지고' '자기 비하에 빠지고' '감정이 조절되지 않고' '상대방의 마음을 헤아리지 못하는' 등 마음의 여러 가지 기능이 저하됩니다.

지속적인 수면 부족으로 감정과 사고가 적절하게 정리되지 않아 마음에 피로가 누적되면 언젠가 정신질환이 발병할 가능성도 있습니다.

게다가 부정적인 감정이 너무 강하면 마음이 계속 긴장을 풀지 못해 밤이 되어도 이완 모드로 돌아서기가 어렵습니다. '자고 싶은데 잠이 안 오네. 얼른 자야 하는데…….'라는 초조함과 자려고 지나치게 애쓰는 마음이 되레 불면을 심화시키기도 하고요.

도저히 잠이 오지 않는 밤에는 '에이, 못 자면 어때!'라고 마음을 고쳐먹을 줄 알아야 합니다. 그냥 작정하고 한 차례 침실에서 벗어나는 것이 올바른 대처방식이에요.

다음 쪽부터는 마음을 누그러뜨려서 기분 좋게 잠드는 수면 요령을 소개하겠습니다.

TOPICS 056

'3가지 A'로 마음의 피로를 알아차린다

'아, 왜 이렇게 피곤하지?' 싶은 날이 있습니다. 날마다 전속력으로 질주하며 압박감과 스트레스에 시달리는 상황이라면 더더욱 몸도 마음도 녹초가 됐겠지요.

마음의 피로는 까딱하면 놓치기 쉽습니다. 나른함과 근육통 같은 증상으로 나타나는 몸의 피로와 달리 마음의 피로는 측정할 만한 기준이 눈에 보이지 않거든요. 마음이 지쳤는지 어떤지는 마음에게 직접 물어보는 수밖에 없습니다. 그러므로 여기에는 마음의 피로를 파악하기 위한 포인트를 소개하겠습니다.

액시던트Accident

마음에 피로가 쌓이면 집중력이 곤두박질쳐서 실수와 사고가 잦아집니다. '약속한 날짜를 착각'한다거나 '오탈자가 증가'한다거나 '무슨 말을 들었는지 잊어버리는' 등의 자잘한 실수가 되풀이되어 주위와의 마찰이 빈번해지고, 평판과

자존감이 하락하여 마음에 또 부담을 주는 악순환이 발생합니다.

앱센트Absent

'앱센트'란 결석뿐만 아니라 지각도 포함하는 단어입니다. 마음이 피로하면 필히 출석해야 할 자리(회사, 모임 등)에 지각하거나 결석하는 빈도가 높아지고, 걸핏하면 "귀찮다", "나른하다."라는 말을 하게 됩니다. '화장이고 옷이고 나발이고…….'라는 생각이 들어 행동거지가 허술해지거나 인상이 딴판으로 변하기도 합니다.

알코올Alcohol

여태 그러지 않던 사람이 뜬금없이 '술이나 다른 무언가에 의존'하는 것도 마음이 지쳤다는 신호입니다. 게임, 달콤한 디저트, 충동구매, SNS 등 어떤 대상에 급격하게 푹 빠져들 때는 각별한 주의가 필요합니다.

만약 '3가지 A'에 해당하는 상태가 2주 이상 지속된다면 정신건강이 저하된 상태로 간주하고 진지하게 대처해야 합니다. 되도록 작은 신호일 때 알아차려서 일찌감치 '휴식 시간'을 확보합시다.

덧붙이자면 마음이 피로해도 정작 '본인은 알아차리지 못하는' 경우가 많습니다. 혹시 주위에 '3가지 A'에 해당하는 사람이 있다면 다정하게 말을 건네주세요.

TOPICS 057

한밤의 '나홀로 반성회'를 그만둔다

밤이면 밤마다 부정적인 생각이 들어서 잠자리에 누워도 통 잠들지 못한다는 고민을 종종 접합니다.

그런 사람은 보통 다음과 같은 사항에 해당하는 경향이 있습니다.

- ☑ '남들은 다 잘하는데 왜 나만 이 모양이지.'라고 생각할 때가 많다.
- ☑ '~하지 않으면 안 돼.' 혹은 '~해야만 해.'라고 생각할 때가 많다.
- ☑ 매사에 흑백을 확실하게 가리려고 한다.
- ☑ 무슨 일이 생기면 주변이 아니라 자기 자신을 탓한다.
- ☑ 부정적인 생각을 멈추지 못하고 점점 부풀린다.

여기에 해당하는 사람은 성실한 노력가이자 마음의 피로가 쉽게 쌓이는 유형이라고 할 수 있습니다. 이런 유형의 사람은 흔히 하루를 마무리하면서 '나홀로 반성회'를 여느라 잠을 못 이루는 경향이 있어요.

나홀로 반성회란 말 그대로 혼자서 '이것도 잘못했고, 저것도 잘못했네.' 하며 반성할 거리를 찾는 일입니다.

'왜 그때 더 잘하지 못했을까…….'

'그 사람한테 상처를 줬을지도 몰라.'

이런 식으로 자신의 말과 행동을 돌아보면서 부정적인 감정을 품는 것인데, 지난 언행을 반성하는 행위 자체는 당연히 나쁘지 않습니다. 단지 여기에 '평가'가 동반될 필요는 없다고 생각해요.

우리가 잘못이나 실패를 돌아보는 이유는 '앞으로 나아가기 위해서'입니다. '이런 짓을 저지르다니 나는 글러 먹은 인간이야.'라고 자기를 비하해 봤자 괜히 마음만 힘들어질 뿐 아무런 의미가 없어요.

밤에는 마음도 뇌도 고단합니다. 냉정하지 못한 상태여서 사고가 부정적인 방향으로 치닫기 쉬워요. 아무리 이것저것 생각해도 괜찮은 결론에 도달하기가 어렵습니다.

그러니 밤 시간에는 반성거리를 찾기보다 그날 일어난 '좋은 일'을 최대한 많이 떠올리는 습관을 들입시다. 생각보다 더 행복한 하루였다는 사실을 깨닫게 될 거예요.

TOPICS 058

자기에게 딱 맞는 스트레스 해소법을 발견한다

마음의 피로는 본인이 눈치 채지 못하는 사이에 쌓이고 또 쌓입니다. 이것은 불가피한 일이기 때문에 어느 날 갑자기 마음이 뚝 부러지기 전에 손을 써 둬야 합니다.

마음을 피로하게 만드는 가장 큰 원인은 역시 '스트레스'입니다. 과도한 스트레스는 깊이 잠드는 데도 지장을 줍니다.

마음을 잘 보살피려면 누적된 스트레스를 능숙하게 해소할 줄 알아야 합니다. 무엇보다 스트레스는 '그날 안에 풀어야' 한다는 점을 유념하세요. 불쾌감과 피로가 쌓여 마음이 탈진하기 전에 부지런히 스트레스를 털어 버립시다.

그렇다고는 해도 '구체적인 스트레스 해소법이 없는' 사람도 적지 않습니다. 일단 자기에게 딱 맞는 스트레스 해소법부터 함께 찾아볼까요?

자기에게 딱 맞는 스트레스 해소법을 발견하는 2단계

1단계 '활동량'과 '인간관계의 범위'를 기준으로 유형 선택하기

'활동량'과 '인간관계의 범위'를 기준으로 작성한 아래의 4가지 유형 중 자신에게 맞는 유형을 골라 보세요.

1. 활동량 많음×다수와 의사소통함

(예: 달리기 동호회 들어가기, 댄스 교실이나 테니스 클럽 다니기 등)

2. 활동량 적음×다수와 의사소통함

(예: 친구나 가족과 식사하기, 취미 모임이나 세미나 참여하기 등)

3. 활동량 많음×개인적으로 행동함

(예: 수영하기, 아침저녁으로 자전거 타기 등)

4. 활동량 적음×개인적으로 행동함

(예: 독서, 영화 관람, 미술관 가기 등)

별다른 저항감 없이 "이거라면 나도 할 수 있겠다!" 싶은 유형은 무엇입니까?

2단계 알맞은 스트레스 해소법 선택하기

유형을 골랐다면 아래의 3가지 기준을 고려하여 구체적인 방법을 찾아봅시다.

1. 손쉽게 실천할 수 있는가?

2. 시간과 돈이 지나치게 들지는 않는가?

3. 긴장이 풀리는 일, 즐거운 일, 좋아하는 일인가?

이렇게 2단계로 나누어 생각하면 누구나 자기에게 꼭 맞는 스트레스 해소법을 발견할 수 있습니다. 이를테면 제 주변에 있는 스트레스 해소의 달인들은 다음과 같은 방법으로 노련하게 스트레스를 조절합니다.

하루 안에 기술을 배우는 '원데이 클래스' 참가하기, 학창시절 친구에게 연락해 보기, 카페에 가서 평소보다 비싼 음료 주문하기, 마사지 받으러 가기, 늘 사용하는 입욕제를 새롭게 바꿔 보기, 감동적인 영화를 보고 실컷 울기, 동물이 담긴 사진집 감상하기, 기분에 맞춰 아로마 향기 바꾸기, 옛날에 재밌게 읽은 만화책 다시 읽기…….

일상 속에서 실천 가능한 스트레스 해소법은 무궁무진합니다. 가급적이면 최소 3가지 이상의 스트레스 해소법을 마련해 보세요. 선택이 폭이 넓어져서 '오늘은 이걸 하자!', '이것도 해야지!' 하는 식으로 유쾌하게 스트레스를 풀 수 있습니다.

참고로 저는 '남편이나 다른 가족 혹은 친구와 대화하기', '맛있는 음식 먹기', '경치 즐기러 가기' 등으로 스트레스를 해소한답니다.

그날 받은 스트레스를 다음 날로 넘기지 마세요. 날마다 아침부터 기운차게 생활할 수 있도록 스트레스에 잘 대처해 봅시다.

TOPICS 059

휴식 일정을 '먼저' 잡는다

"다음 주에는 회사 회식이 있으니까 다들 스케줄 비워 둬."

"얘들아, 이번 모임은 언제로 잡을까?"

이런저런 일정이 잔뜩 잡히는 것이 즐거우면서도 부담스러울 때가 있지 않나요?

원래대로라면 자기 시간은 전부 자기가 마음대로 쓸 수 있어야겠지만 현실적으로는 그러기가 어렵습니다.

매일매일 분주한 일정 속에서 적어도 자기 마음을 보호할 만큼은 쉴 수 있도록 휴식 일정을 '다른 일정보다 먼저' 잡으시기 바랍니다.

시간에 쫓기다 보면 자기 자신을 보살피는 일은 차츰 뒷전으로 밀려납니다. '시간이 있을 때 하자', '시간이 나면 하자.'라는 생각으로 매번 남의 사정부터 챙기다가는 머지않아 마음이 나가떨어지고 맙니다. 급기야는 '나답게 사는 느낌이 없다', '주변 사람들에게 맞추기만 하는 내가 싫다.'라는 심정이 들기도 하죠. 달리 생각하면 그 정도로 주위를 배려할 줄 아는 사람이라는 뜻이니 자신에게 더 다정하게 대해 주세요.

바라건대 다음 달부터는 '나를 치유하는 일정'을 제일 먼저 스케줄러에 써 넣읍시다.

'미용실 가기, 피부관리실 가기, 네일숍 가기' 같은 미용관리 일정도 좋고, '마사지 받기, 건강에 좋은 음식 만들기, 스파 즐기기' 같은 건강관리 일정도 좋습니다. '외국 드라마 감상, 피아노 연주, 향 피우기' 같은 자기만의 취미를 갖는 것도 추천해요.

핵심은 '그런 것까지 다 적으라고?' 싶어지는 사소한 일도 자신을 치유하는 일이라면 스케줄러에 써 넣고, 그날 그 시간을 자신에게 투자하는 것입니다.

휴식을 아예 일정으로 잡으면 당일에 다른 부탁을 받더라도 "선약이 있어서요." 하고 죄책감 없이 야무지게 거절할 수 있습니다.

몸과 마음이 피폐해지면 아무것도 시작하지 못하는 법이잖아요. 자기 자신을 보살피는 시간은 다른 어떤 시간보다 우선해도 좋습니다.

TOPICS 060

기분 좋게 잠드는 '수면 세리머니' 만드는 법

당최 잠들지 못하는 날이 이어지는 사람, 근무 시간이 불규칙한 사람, 출장이 잦아서 수면 환경이 곧잘 바뀌는 사람에게는 '잠이 오는 주문'을 추천합니다.

전문 용어로는 '취침 의식' 또는 '수면 세리머니'라고 부르는 방법인데, 원리는 '파블로프의 개●'와 동일합니다. 취침에 앞서 '매번 똑같은 행동'을 반복하면 '특정 행동을 하면 잠이 잘 오는' 당신만의 주문이 완성되거든요.

수면 세리머니가 있으면 평소와 수면 환경이 다른 여행지나 출장지에서도 원활한 숙면이 가능합니다. 간단한 수면 세리머니 몇 가지를 소개하겠습니다.

MEMO ● 파블로프의 개: 개에게 먹이를 주기 전에 벨을 울리는 행동을 반복한 결과 개는 눈앞에 먹이가 없어도 벨소리가 울리자마자 침을 흘리게 되었다.

음악 듣기

잠자리를 준비하면서 클래식이나 치유 음악처럼 평온한 음악을 듣는 방법입니다. 클래식 중에서도 모차르트의 음악은 이완 효과가 높습니다.

몸 마사지하기

향이 마음에 드는 바디크림을 골라 몸을 마사지하는 것도 기분 좋은 습관입니다. 목덜미며 팔, 발끝까지 바디크림을 바른 뒤 '수고했어.'라는 감사의 마음을 담아 마사지해 봅시다.

사진집이나 그림책 보기

'와, 좋다! 멋있다.'라고 느껴지는 사진집을 훑어보면 흐뭇한 마음으로 잠자리에 들 수 있습니다. 언젠가 한번 가보고 싶은 장소라든가 귀여운 동물이 담긴 사진집을 추천할게요. 꽃 애호가라면 꽃 도감을 봐도 좋겠지요. 어린 시절에 읽은 그림책을 다시 들춰봐도 참 좋습니다. 간결한 문장이 마음에 쏙 스며들어 내일의 활력소가 되어 줍니다.

이 외에도 옷을 파자마로 갈아입는 극히 단순한 행동이라든가 따듯한 음료 마시기, 밤하늘 올려다보기, 가볍게 어깨를 돌려서 스트레칭하기 등등 수면 세리머니에 적합한 행동은 다양합니다. 이리저리 시도해 보면서 자신에게 잘 맞는 주문을 찾아보세요.

TOPICS 061

낮에 당신을 엄습하는 졸음의 수준은?

'잠자리에 들어도 도통 잠들지 못하는' 상태가 2주 이상 지속되고 있다면 수면 전문 의료기관인 수면클리닉 방문을 추천합니다. 올바른 수면 지식을 갖춘 의사가 있고, 진찰과 약 처방뿐 아니라 생활 습관 지도까지 병행하는 곳이기 때문에 쉽고 빠르게 수면 문제를 개선할 수 있습니다.

수면에 대한 고민은 밤에만 한정되지 않습니다.

많은 사람들이 '낮에 쏟아지는 심한 졸음'으로 고민하고 있다는 사실을 아시나요? 낮에 꾸벅꾸벅 조는 것이 '농땡이를 친다'거나 '정신력 부족'으로 비칠까 봐 괴로움을 호소하기도 하지요.

만약 이러한 졸음이 질병 때문이라면 '몸이 보내는 신호'를 결코 간과해서는 안 됩니다. 낮의 졸음은 때로 돌이키지 못할 인재를 초래할 여지가 있기 때문입니다.

실제로 2003년 일본 오카야마 역에서는 기관사의 졸음 운전으로 '히카리 126호'라는 신칸센 열차가 급정거하는 사건이 발생했습니다. 나중에 판명되었다시피 이 기관사는 낮에 과도한 졸음을 유발하는 '수면무호흡증●' 환자였습니다.

이처럼 낮에 몰려드는 졸음에는 수면 장애가 숨어 있을 가능성이 있습니다.

다음 쪽에 나오는 〈엡워스 졸음증 척도ESS, epworth sleepiness scale〉를 사용하여 당신이 낮에 어느 정도로 졸음을 느끼는지 측정해 보세요. 측정한 결과 '낮에 심각한 졸음을 느끼는 상태'라면 스스로의 몸과 마음을 보호하고, 돌이키지 못할 실수가 발생하지 않도록 수면클리닉 방문을 고려해 봐야 합니다.

MEMO ● 수면무호흡증: 자는 동안 호흡이 일시적으로 멈추거나 불규칙해져 산소 공급이 원활하지 않아 만성피로와 졸음을 유발하는 증상. -편집자 주

졸음 수준 자가진단! 〈엡워스 졸음증 척도〉

측정법

최근 1개월간의 일상생활을 떠올리며 다음 질문에 가장 알맞은 점수를 골라 주십시오.(여기에서는 몇 초에서 몇 분간 깜빡 잠드는 상태를 '꾸벅꾸벅 졸다'라고 정의합니다.)

채점법

0점 ………… 꾸벅꾸벅 졸 가능성이 거의 없다.

1점 ………… 꾸벅꾸벅 졸 가능성이 약간 있다.

2점 ………… 꾸벅꾸벅 졸 가능성이 반반이다.

3점 ………… 꾸벅꾸벅 졸 가능성이 높다.

판정법

모든 질문의 점수를 다 합하면 몇 점인가요? 총점을 기준으로 낮의 졸음 수준을 판정합니다. 최고점은 24점입니다.

총점 0~8 ………… 건강한 수준의 졸음

총점 9~12 ………… 가벼운 수준의 졸음

총점 13~16 ………… 중간 수준의 졸음

총점 17이상 ……… 심각한 수준의 졸음

질문

① 앉아서 무언가를 읽을 때? ______ 점

② 앉아서 텔레비전을 시청할 때? ______ 점

③ 회의, 영화관, 극장 등에서 가만히 앉아 있을 때? ______ 점

④ 승객으로서 1시간 이상 차를 탈 때? ______ 점

⑤ 오후에 누워서 휴식할 때? ______ 점

⑥ 앉아서 다른 사람과 이야기할 때? ______ 점

⑦ 술 없이 점심 식사를 하고 가만히 앉아 있을 때? ______ 점

⑧ 앉아서 편지나 서류를 작성할 때? ______ 점

합계 ______ **점**

사랑과 행복을 불러들이는 비결

“난 내가 좋아!”라고 자신 있게 말하는 일은 의외로 만만치 않습니다.

“자기 자신을 더 사랑하세요.”라는 말도 자존감이 낮은 상태에서 들으면 참 난감하지요.

오히려 불안과 걱정으로 잠을 이루지 못하는 날이 더 늘어나기도 합니다.

일단 좋아하는 사람을 대하듯 스스로를 소중하게 대해 보면 어떨까요?

어렵지 않은 일부터 차근차근 시도해 봅시다.

POINT

☑ 좋아하는 사람을 대하듯 스스로를 대한다.

☑ '나를 좋아하는 일'에 자신을 갖는다.

☑ 행복호르몬을 적극적으로 늘린다.

☑ 실컷 우는 밤을 만든다.

☑ 마음에 드는 향기에 둘러싸여 잠든다.

LET'S STUDY >>>>> TOPICS 062-069

TOPICS 062

자기 자신을 사랑하는 3가지 힌트

당신은 지금 있는 그대로의 모습을 좋아하고 있나요?

"나는 지금 내 모습에 만족한다."라고 자신 있게 이야기할 수 있나요?

미국, 일본, 영국 등 7개국의 젊은이를 대상으로 조사한 결과 일본은 다른 국가에 비해 자신에게 만족하는 사람이 현격히 적다는 점이 드러났습니다. 비율로 보면 '자신에게 만족하는 사람'은 약 46%, '자신에게 장점이 있다고 생각하는 사람'은 69%였습니다. '자신에게 만족하는 사람'이 86%나 있고, '자신에게 장점이 있다고 생각하는 사람'도 93%가 넘는 미국과 비교하면 그야말로 천양지차입니다.

'지금의 내 모습'을 더 좋아하게 되면 근심과 불안으로 잠 못 이루는 밤도 훨씬 줄어듭니다. 다음에 소개하는 세 가지를 참고하여 사고방식과 행동을 매일 아주 조금씩 바꿔 보세요. 자기 자신을 더 사랑스러운 눈길로 바라보게 됩니다.

'나를 위해' 맛있는 음식을 만들고, 꽃을 장식한다

가령 제일 좋아하는 사람이 내일 집에 놀러 오기로 했다면 당신은 분명 소중한 이를 맞이할 준비를 하겠지요. 방을 청소하고, 꽃을 장식하고, 맛있는 음식를 만들고……. 당신이 기꺼이 대접하려는 그 '제일 좋아하는 사람'이 자기 자신이라고 생각하고 행동해 보세요. 스스로를 세상 누구보다 아껴 줍시다.

입꼬리를 항상 5mm 올린다

저도 항상 의식적으로 미소를 머금고 생활합니다. 웃는 얼굴로 지내면 즐거움이 뒤따라와서 부정적인 감정을 없애 주거든요. 웃기가 힘들 정도로 괴로울 때는 '가짜 미소'를 지어도 상관없습니다. 입꼬리를 5mm 올리면 '끊임없는 행복'이 뒤따라옵니다. 웃는 얼굴은 다른 사람들에게 전염되어 주변까지 행복하게 하는 마법입니다.

'주체성'을 갖는다

자신의 욕구보다 남의 욕구를, 자기의 생각보다 다른 누군가의 의견을 우선시하고 있지는 않나요? 다른 사람의 기준으로 행동하는 일은 그만둡시다. '원래의 내 인생'을 되찾고, 자존심을 높일 수 있습니다.

TOPICS 063

사랑스러운 매력을 발산하는 법

"결혼하고 싶지만 상대를 못 찾겠다."

"연애가 잘 풀리지 않는다."

이따금 결혼이나 연애 상담을 요청받고는 합니다.

제3장에서 이야기한 대로 출구가 없는 깜깜한 터널 속에서 발버둥 치던 저는 남성을 불신하여 평생 결혼은커녕 연애도 불가능할 줄 알았습니다. 그런데 지금은 우주 최고라고 단언할 수 있는 사람을 만나 결혼했고, 상상조차 못했던 애정과 행복으로 가득 찬 매일을 보내고 있습니다.

한번은 저와 만났을 때 제 인상이 어땠느냐고 남편에게 물어봤어요. 남편은 "자기 자신을 소중히 여기고, 있는 그대로 받아들이는 모습에 매력을 느꼈어."라고 알려 주었습

니다.

누군가에게 사랑받고 싶다면, 먼저 자기 자신을 진심으로 소중히 여겨야 합니다. 스스로를 배려하고, 존경하고, 사랑하는 일이야말로 그 사람을 빛나게 하고 매혹적인 분위기를 자아내게 합니다.

제가 수면 습관을 바꾸면서 몸보다 더 크게 변화한 부분이 '마음과 생각'입니다. 저는 과거에 제 자신을 싫어했고, 자신감도 없어서 걸핏하면 남의 의견에 휘둘렸어요. 하지만 올바른 수면 습관이 생기고부터는 자신감과 애정이 담긴 시선으로 저 자신을 바라보게 되었습니다. 제가 저를 존중하니 주변에 휘둘리는 일이 사라졌고, SNS나 남의 의견에 장단을 맞추느라 소중한 시간과 감정을 빼앗기는 일도 사라졌습니다.

당신은 스스로에게 다정한가요?

아니라면 당신을 방해하는 것은 무엇인가요?

주위 시선을 신경 쓰느라 자기다움을 포기하고 있지는 않나요?

'바쁘다는 말이 곧 알차다는 말과 같다.'라고 생각하는 사람도 많은데, 사실은 전혀 그렇지 않습니다. 당신에게 소중한 사람, 정보, 공간, 시간을 귀히 여기는 태도야말로 정말 알찬 것이고, 그것이 당신다운 매력과 분위기를 빚어냅니다.

하루 24시간은 전 세계 누구에게나 똑같이 주어지는 유한한 시간입니다. 자기 마음을 일그러뜨리면서까지 해야 할 일은 아무것도 없으니 지금보다 더 '알차게' 자신을 사랑합시다. 그러려면 당연히 잠도 알차게 자야겠지요.

TOPICS 064

'사랑받고 싶다면' 3가지 방법으로 행복호르몬을 늘린다

당신 주변에 있는 '사랑받는 여성'을 떠올려 봅시다. '당당하면서도 온화하고 웃는 얼굴이 멋진' 사람이지 않나요?

나이가 들수록 '생김새'보다 '인상'이 그 사람의 매력으로 작용합니다. 얼굴에는 그 사람의 마음과 사고방식, 삶의 태도가 훤히 드러나는 법이니까요. 만약 지금 당신이 '이 나이에 이러고 있을 줄은 몰랐다.'라고 생각한다면 딱 그런 표정을 짓게 됩니다.

충만한 애정과 행복을 원한다면 '옥시토신oxytocin'이라는 호르몬을 자기편으로 만듭시다.

옥시토신은 '애정호르몬' 또는 '행복호르몬'이라고도 불리는 물질입니다. 지친 뇌에 기운을 불어넣고, 다른 사람과의 신뢰 및 유대관계를 강화하여 마음을 안정시키는 중요한 호르몬이지요. 더구나 옥시토신이 분비되면 세로토닌도 함께 활성화되기 때문에 상승효과를 얻을 수 있습니다.

생활 속에서 옥시토신을 증가시키는 대표적인 요령 세

가지를 소개하겠습니다.

그루밍을 한다

여기서 말하는 그루밍grooming이란 '접촉'을 의미합니다. 친한 사람과 함께 등, 어깨, 머리 같은 부위를 서로 가볍게 두드리거나 손을 마사지해 줍시다. 반려동물과 장난치는 행동도 그루밍의 일종이랍니다. 좋아하는 사람의 목소리를 듣는 일에도 옥시토신 분비효과가 있습니다.

친절을 베푼다

자신이 누군가에게 도움이 된다는 점을 깨달으면 뿌듯하지 않나요?

지하철에서 임산부나 노인에게 자리 양보하기, 헤매는 외국인에게 길 알려주기, 소중한 사람에게 마음을 담은 요리 대접하기 등 남에게 친절을 베풀 때에도 옥시토신이 분비되어 만족감을 느낄 수 있습니다.

공감하고, 감동한다

영화 관람이나 독서를 통해 느끼는 감동은 '공감하는 마음'이 불러일으키는 감각이며, 이러한 '공감'은 옥시토신의 분비를 활성화합니다. 뒤에서 자세히 설명하겠지만 공감하여 흘리는 눈물에는 부교감신경의 활동을 뒷받침하는 작용이 있어서 수면의 질도 올라갑니다.

TOPICS 065

갑갑한 속이 뻥 뚫리는 '눈물테라피'

당신이 마지막으로 실컷 운 것은 언제인가요?

즉시 대답이 떠오르지 않는다면 당신의 마음은 '인내'와 '긴장'으로 딱딱해진 상태일지도 모릅니다.

어른이 되면 어린 시절과 달리 감정을 통제하게 됩니다. 눈물을 펑펑 흘리며 마음껏 우는 일도 그만큼 줄어들고요. 울고 싶은 일은 있지만 '남들 앞에서 우는 것은 창피한 일'이라거나 '감정적으로 굴면 꼴불견'이라는 생각에 이를 악물고 참을 때가 많아집니다.

그렇지만 실컷 울어야 스트레스가 사라집니다. 눈물에는 부교감신경을 자극하는 작용이 있고, 부교감신경이 활성화되면 긴장과 불안이 해소되어 심신이 편안해집니다.

이왕이면 행복을 가져다주는 옥시토신이 분비될 수 있도록 '괴롭고 슬퍼서 터뜨리는 눈물'보다는 '공감에서 우러나온 감동의 눈물'로 마음을 풀어 주세요.

감동적인 영화나 연극을 관람해도 좋고, 스포츠 경기

를 관전하며 선수의 눈물에 공감해도 좋고, 눈물샘이 견디지 못할 소설을 골라 등장인물에게 이입해도 좋습니다. 감정을 완전히 드러낸 채 5분 이상 마음껏, 미련 없이 감동의 눈물을 흘려 봅시다.

'눈물테라피'에 '참을성'과 '창피함'은 필요치 않습니다. 스마트폰을 끄면 현실에서 조금 멀어지게 되어 공감하는 데 더욱 집중할 수 있습니다.

'눈물 흘리기'의 장점은 이뿐만이 아닙니다. 우리가 눈물을 흘리면 마음을 안정시키는 '류신-엔케팔린leucine enkephalin'이라는 물질이 뇌 속에서 분비되어 스트레스의 원인을 눈물로 배출한다고 해요. 스트레스가 쌓여 갑갑해진 속을 눈물로 후련하게 씻어내는 셈입니다.

'운다'라고 하면 부정적인 이미지가 쉽게 따라붙지만 실제 눈물은 마음의 행복도를 높여 스트레스를 해소하고, 숙면을 취하게 하는 처방전이나 마찬가지입니다.

실컷 울어서 미래의 행복을 충전합시다.

TOPICS 066

'내가 꿈꾸는 나'와 가까워지는 잠자기 전 습관

'내가 꿈꾸는 나'에 다가가는 한 방법으로 '어퍼메이션affirmation, 단언'이라는 '말 활용법'이 있습니다.

어퍼메이션이란 '자신의 언어를 사용하여 자기 꿈을 현재형으로 단언하는' 행위를 가리킵니다. "멋진 애인이 생겨서 나는 지금 대단히 행복하다."라든가 "우연히 운명적인 사람을 만나서 몹시 감사하다."라는 식으로 이미 꿈을 이룬 사람처럼 단언하는 것입니다.

잠자기 전과 아침에 눈떴을 때, 어퍼메이션으로 만든 문장을 소리 내어 말해 보세요. 꿈이 이루어진 행복한 상황을 구체적으로 상상하며 말하는 점이 포인트입니다. 처음에는 반신반의해도 막상 실천해 보면 '내가 꿈꾸는 나'와 가까워진 기분이 들고, 상상 이상으로 가슴이 벅차오른답니다.

어퍼메이션을 하는 방식은 다양하지만 여기에서는 저의 방식을 설명할게요.

'내가 꿈꾸는 나'와 가까워지는 어퍼메이션

~연애편~

① '어떤 사람이 되고 싶은지' 상상한다

먼저 '어떤 사람이 되고 싶은지' 최대한 구체적으로 상상합니다. 예를 들면 '운명적인 사람과 결혼해서 행복해지고 싶다.'라든가 '근사한 애인을 만나고, 직장에서도 멋지게 활약하고 싶다.'와 같이 목적을 명확하게 드러내야 합니다.

② '이미 일어난 일'처럼 표현한다

①에서 상상한 이미지가 이미 이루어진 것처럼 표현합니다. "애인이 생겼으면 좋겠다."가 아니라 "애인이 생겼다", "결혼하고 싶다."가 아니라 "결혼했다."라는 식으로요. 긍정적인 표현을 사용해서 딱 잘라 말하는 문장을 만듭니다.

③ 주어는 언제나 '나'

어퍼메이션은 직접 만든 문장을 스스로에게 들려주어 행운을 불러들이는 행위입니다. 그러므로 문장의 주어는 언제나 '나'여야 합니다. "애인이 일로 성공한다."가 아니라 "나는 일로 성공한 애인을 만나서 행복하다." 혹은 "나는 애인의 일을 잘 도와주었고, 애인은 출세했다."와 같이 표현해 주세요.

TOPICS 067

'저녁 5시 이후에 고백'해야 성공률이 높아지는 이유

"침실 조명은 어떤 종류가 좋은가요?"라는 질문을 받을 때가 있습니다.

저는 간접 조명을 추천합니다. 침실 전체를 따뜻하고 은은한 오렌지빛으로 감싸는 조명이 가장 좋아요. 형광등처럼 밝고 흰 빛은 교감신경을 자극하여 원활한 수면●을 방해합니다.

그런데 간접조명이나 촛불 같은 어두운 조명이 수면뿐만 아니라 연애에도 도움이 된다는 점을 아시나요? 왜냐하면 조명이 우리 '눈동자'에 영향을 미치기 때문입니다.

우리 눈 속에 있는 '동공'은 어두운 장소에서 자연스럽게 커집니다. 어두운 만큼 더 많은 빛을 받아들여야 확실하게 보이니까요.

MEMO ● 책을 읽을 수 있는 최소한의 밝기(약 30lux)보다 더 밝은 조명은 수면을 방해한다. 주변을 희미하게 밝히는 수준(약 10lux)의 실내등을 발 부근에 두는 것이 중요하다.

인간은 동공이 큰 상대에게 본능적으로 호감을 느끼는 습성이 있습니다.

미국의 심리학자인 에커드 헤스Eckhard Hess는 동일한 여성의 얼굴사진을 동공을 확대한 사진과 축소한 사진 두 가지로 준비하여 다수의 피험자에게 보여주는 실험을 실시했습니다. 그 결과 많은 남성이 동공을 확대한 사진에 더욱 호감을 표시하며 "귀엽다", "사랑스럽다."라는 감상을 표현했다고 해요.

그렇다고 갑자기 집에서 데이트를 할 수는 없는 노릇이니 일단 조명이 은은한 레스토랑을 데이트 장소로 골라 보면 어떨까요? 동공이 자연스럽게 커져서 상대방에게 "사랑스럽다", "호감이다."라는 인상을 줄 확률도 커질 것입니다.

일설에 따르면 저녁 5시 이후는 '첫눈에 반할' 확률이 높은 시간대라고 합니다. 저녁 무렵 주변이 어둑어둑해지면 자연스레 검은자위가 커져서 화장을 했건 안 했건 매력이 대폭 상승하기 때문이지요. 그때를 노려 좋아하는 사람에게 고백한다면 고백이 연애로 발전할 가능성도 커질 것입니다.

TOPICS 068

'나를 바꾸고 싶을 때' 해야 할 일

'누구와 함께 생활하느냐'에 따라 우리의 인생은 크게 달라집니다.

긍정적인 사람과 어울리면 덩달아 긍정적으로 생각하게 되고, 불평꾼과 함께 있으면 무의식중에 불평이 많아지는 법이잖아요. '지금의 나를 바꾸고 싶다!'라는 생각이 들 때, 그것을 실천하는 한 가지 방법으로 '롤모델role model 찾기'를 추천하는 이유도 그래서입니다.

이와 똑같은 논리가 수면 개선에도 적용됩니다. 지금 자신의 수면 상태를 개선하고 싶다면 매일 밤 숙면하는 사람들의 '사소한 습관'부터 살펴봅시다. 참고로 매일 질 높은 수면을 취하는 '수면의 달인'들은 다음의 '5가지 수면 능력'을 갖추고 있습니다.

수면의 질이 높은 사람들이 지닌 '5가지 수면 능력'

1. 잠드는 능력

☑ 잠자리에 누운 지 20분 이내에 잠들 수 있습니까?

2. 깊이 자는 능력

☑ 오전 내내 졸리거나 낮에 심한 졸음이 몰려와 집중력을 잃어버린 적은 없습니까?

3. 깨지 않는 능력

☑ 밤중에 몇 번씩 잠에서 깨지는 않습니까?

4. 쭉 자는 능력

☑ 밤에 잠들어서 아침까지 쭉 자는 수면 시간을 확보하고 있습니까?

5. 기상하는 능력

☑ 아침에 큰 어려움 없이 기분 좋게 일어날 수 있습니까?

질 높은 수면을 손에 넣는 습관은 이 책에서 구체적으로 소개하고 있으니 책에 실린 방법을 실천해 주세요. 덧붙여 여러분 주변에 있는 수면의 달인들이 어떻게 일정과 시간을 관리하는지 꼭 물어보고, 그들의 습관을 조금씩 따라잡아 봅시다.

TOPICS 069

귀차니스트도 할 수 있는 '아로마테라피'

매일 푹 자면서 아름다움을 유지하는 사람들은 수면의 질을 높이는 한 방법으로 '아로마'의 힘을 빌리고 있습니다. 후각은 뇌와 직접적으로 연결된 오감 중 하나이기 때문에 아로마를 적절히 활용하면 편안하게 단잠을 이룰 수 있습니다. 하지만 아로마테라피를 시작하고 싶어도 '전용도구를 사야 하나 봐. 너무 수고스럽지 않을까?'라는 생각이 들어 머뭇거리기 십상입니다. 알고 보면 손쉽게 향기를 즐기면서 수면을 유도하는 방법이 참 많은데 말이에요.

그런 의미에서 이번에는 놀랍도록 간단한 아로마테라피 방법을 단계별로 소개하겠습니다.

오늘 밤부터 할 수 있는 단계별 '아로마테라피'

1단계 섬유유연제 매일 입고 자는 잠옷을 세탁할 때, 좋아하는 향기의 섬유유연제를 사용해 보세요. 아로마테라피가 번거롭게 느껴지는 귀차니스트도 향기의 효과를 누리며 잠들 수 있는 더 없이 간단한 방법입니다.

2단계 바디크림 다양한 브랜드의 바디크림 중에서 향이 마음에 드는 제품을 고릅니다. 목욕을 마치고 바디크림을 몸에 정성껏 발라 주세요. 아로마테라피는 물론 피부보습 효과까지 있는 일석이조의 미용 습관이랍니다.

3단계 롤 온 향수roll on fragrance 잠자리에 든 뒤에도 한동안 향기의 마법이 지속되는 아이템이에요. 손목이나 목덜미에 슬쩍 바르면 끝이라 사용도 간편합니다.

4단계 베개 스프레이 피부에 직접 바르는 방식이 꺼려진다면 선호하는 향기의 베개 스프레이를 활용해도 좋습니다. 베개에 칙 뿌리기만 하면 기분 좋게 잠들 수 있어요.

5단계 머그컵과 에센셜 오일essential oil '이제 좀 본격적으로 즐기고 싶은데 큰 아로마포트를 둘 자리가 없는' 경우에는 에센셜 오일만 준비하세요. 뜨거운 물을 담은 머그컵에 에센셜 오일을 1~2방울 떨어뜨린 뒤 그것을 머리맡에 두기만 해도 본격적인 아로마테라피가 가능합니다.

참고로 저는 라벤더, 캐모마일, 일랑일랑, 샌들우드 등의 에

섬유유연제
섬유유연제
바디크림
섬유
유연제
바디크림
롤 온 향수
바디크림
베개
스프레이
베개
스프레이
베개
스프레이
에센셜오일
샌들
우드
일랑
일랑

센셜 오일을 사용하고 있습니다. 전부 다 수면을 촉진하는 대표적인 아로마여서 편안한 숙면을 도와준답니다.

어때요? 정말 간단하지 않나요? 해 볼 만한 것부터 취침에 도입하여 매일 밤 하루를 마무리하는 과정으로 삼아 주세요.

나오며 Epilogue

마지막까지 읽어 주셔서 진심으로 감사드립니다.

"아무리 열심히 해도 돌아오는 게 없어요."

수면 상담을 진행하다가 이런 말을 들은 적이 있습니다.

'열심히 하자!'라고 생각할 때 우리는 1분이라도 더 공부하기, 전문서적 1쪽이라도 더 읽기, 과제 1개라도 더 끝내기 등 여러 가지 일에 평소보다 시간을 많이 투자하려고 합니다. 그렇게 해야 '열심히 하고 있다.'라고 느낄 수 있기 때문입니다.

그러나 대부분의 사람들은 '잠자는 것'도 중요한 일이라는 사실을 간과합니다. 수면을 등한시한 채 무작정 질주하는 '잘못된 노력 방식'을 지속하면 결국 탈진하기 마련이건만……. 아무리 노력해도 기대한 '결과'는 돌아오지 않고, 기력과 체력만 계속 소모되니 새로운 발걸음을 내딛을 힘마저 잃어버릴 수밖에요.

'잠자는 시간'은 '쓸모없는 시간'이 아닙니다. 자는 동안 '시간이 멈추는 것'도 아니고요. 수면 시간은 몸과 마음을 관리하여 건강의 기반을 다지고, 성과를 향상시키는 데 필요한 모든 능력을 끌어올리고, 내일을 위해 에너지를 축적하는 시간입니다. 수면은 낮을 위해 존재하며, 수면의 질이 낮의 질을 결정합니다.

집이건 자동차건 구두건 액세서리건 부지런히 관리해야 '좋은 상태'가 오래갑니다. 스마트폰과 컴퓨터는 충전하지 않으면 언젠가 배터리가 떨어져 사용할 수 없게 되고요.

우리 인간도 마찬가지입니다.

성실하고 책임감이 강한 사람일수록 '주위에 폐를 끼치고 싶지 않아서' 혼자 일을 떠안는 경향이 있습니다. 때로는 잠잘 시간까지 줄여 열심히 일하는데, 수면 시간을 20% 줄이면 당연히 그만큼 혹은 그 이상 생산성이 떨어집니다. 실수와 사고가 일어날 확률이 늘고, 이런저런 질병에 걸릴 위험도 커져서 결과적으로 주위에 큰 폐를 끼칠 수도 있어요.

인생은 작은 일부터 큰일까지 선택과 결단의 연속입니다. 메일 답장을 어떻게 보낼지, 업무를 언제 끝낼지, 어떤 사람과 어울릴지, 집에 가서 어떻게 시간을 보내고 몇 시에 잘지……. 모든 선택권은 당신에게 있습니다.

무슨 일이든 하나하나 미래의 나를 위한 선택을 해 주세요.

이 책이 '달라지고 싶다!', '푹 자고 싶다!'라는 바람을 가진 여러분께 도움이 된다면 그보다 더한 기쁨은 없을 것입니다.

마지막으로 이 책에 큰 도움을 주신 분들께 감사드리고 싶습니다.

힘든 시기에도 임신 중인 저를 끝까지 따뜻하게 배려해 주신 와카바야시 편집자님, 마음을 담아 원고를 매만져 주신 야마구치 작가님, 삽화를 그려 주신 하야시 님, 디자이너 쓰키아시 님 진심으로 감사했습니다. 항상 곁에서 가장 든든한 버팀목이 되어 주는 남편에게도 감사를 전합니다. 고마워요.

'노력하는 사람'이 부디 '행복한 사람'이기를.

언제나, 언제나 기도합니다.

도모노 나오

여성 수면 사용 설명서

1판 1쇄 발행 2019년 10월 25일

지은이 도모노 나오
발행인 박명곤
사업총괄 박지성
기획편집 신안나, 임여진, 이은빈
디자인 김민영
마케팅 김민지, 유진선
재무 김영은
펴낸곳 (주)현대지성
출판등록 제406-2014-000124호
전화 070-7538-9864 **팩스** 031-944-9820
주소 경기도 파주시 회동길 37-20
홈페이지 www.hdjisung.com **이메일** main@hdjisung.com
페이스북 @hdjsbooks **인스타그램** @hdjsbooks
네이버 밴드 @hdjsbooks

“지성과 감성을 채워주는 책”
현대지성은 여러분의 의견 하나하나를 소중히 받고 있습니다.
원고 투고, 오탈자 제보, 제휴 제안은 main@hdjisung.com으로 보내 주세요.